EN EL CIELO LAS ESTRELLAS

Segunda edición

Guillermo Abramson

En el cielo las estrellas, segunda edición
© Guillermo Abramson, 2022
ISBN 979-8-83-479774-6 (paperback)
Publicado por KDP y EN EL CIELO LAS ESTRELLAS

Todos los derechos reservados. No se permite la reproducción total o parcial, el alquiler, la transmisión o la transformación de este libro, en cualquier forma o por cualquier medio, sea electrónico o mecánico, mediante fotocopias, digitalización u otros medios, sin el permiso previo y por escrito del autor.

Visite [En el cielo las estrellas](https://enelcielolas.blogspot.com) (enelcielolas.blogspot.com)

En el cielo las estrellas nos invita a observar el cielo con asombro. Se entrecruzan los mitos y las historias con la ciencia de los astros y las leyes que los rigen. El libro se divide en tres partes. La primera trata sobre las estrellas, desde los mitos de las constelaciones hasta los aspectos más científicos de sus existencias. La segunda se detiene en nuestro sistema solar, sus planetas y satélites naturales. La tercera relata la fascinante vida de los astrónomos y el desarrollo de la ciencia de la astronomía. Las abundantes y oportunas referencias a autores y personajes reconocidos universalmente, clásicos y modernos, nos permiten adentrarnos en la astronomía como una parte relevante de la cultura.

Sobre *En el cielo las estrellas*, 1ª edición
Un extraordinario libro de divulgación sobre astronomía que recomiendo enfáticamente, y que lleva el mismo nombre que su blog, que es una delicia para los que amamos observar el cielo. [...] *En el cielo las estrellas* es una obra maestra de la divulgación. Magníficamente escrito, con la dosis justa de humor y con muchísima información, es de esos libros que te enganchan y no podés soltar.
Ariel Torres (La Nación, Buenos Aires)

No nos olvidemos de mirar hacia el cielo. Tiene muchas buenas historias para contarnos. Si bajamos la mirada, que sea para leer un excelente libro, como el que ahora tiene en sus manos.
Dr. Miguel Hoyuelos (Universidad Nacional de Mar del Plata)

El texto es muy agradable, ameno y accesible, de lenguaje sencillo pero sin perder rigor, en donde la experiencia en divulgación y los conocimientos del autor se evidencian al llevar al lector por un camino de historias y fenómenos físicos de manera muy entretenida, con gráficos que acompañan cada explicación e ilustraciones en cada portada de sección. Los temas son muy variados y mantendrán al lector entretenido al tiempo que aprende.
Enzo De Bernardini (Sur Astronómico)

En *En el cielo las estrellas* predomina una continuidad narrativa permeable, lo cual le otorga un carácter más personal, como si el autor estuviera dialogando libremente con el lector.
Nicolás Munilla (MDZ Online)

Guillermo Abramson es Doctor en Física, Investigador Principal del CONICET y Profesor del Instituto Balseiro (Bariloche, Argentina). Realizó trabajo postdoctoral en Trieste, Italia, y en Dresde, Alemania, y actualmente es miembro de la División Física Estadística e Interdisciplinaria del Centro Atómico Bariloche. Ha publicado más de un centenar de trabajos científicos, dirigido tesis y gestionado proyectos de investigación. El Dr. Abramson es también un entusiasta astrónomo y divulgador de la ciencia. Ha publicado también *Viaje a las estrellas: De cómo y con qué los hombres midieron el universo* (Siglo XXI, 2011), *Curso de Mecánica Analítica* (KDP, 2022) y la primera edición de *En el cielo las estrellas* (EDIUNC, 2016). Escribe semanalmente en su blog EN EL CIELO LAS ESTRELLAS (guillermoabramson.blogspot.com).

Para Silvina y José.

Contenido

PRÓLOGO	3
PRÓLOGO DE LA 1ª EDICIÓN	5
PREFACIO	7
PRIMERA PARTE: EN EL CIELO LAS ESTRELLAS	9
Cazador cazado	11
El Bicho	15
Canícula	19
Piscis	21
La huella del choique	25
Constelaciones de objetos reales	29
La negrura de la noche	35
El cielo en tecnicolor	41
El desayuno cuántico	45
Arrolla la sed	49
La degeneración de las estrellas	53
El rayo verde	59
Las puertas de la percepción	63
El espectro electromagnético	65
El universo invisible	73
Eta de Carina	81
El lado oscuro del universo	87
SEGUNDA PARTE: EN EL CIELO… ¡LOS PLANETAS!	91
Superlunas, minilunas	93
De la Tierra a la Luna	97
La salida de la Luna	99
La sombra de la Tierra	101
Luz de luna	105

What's in a name?	113
B612	119
La guerra de Troya	123
La Luna y el maratón	127
Amaneceres y atardeceres	131
Las dos estaciones de Bariloche	133
La órbita de Plutón	137
Así en la Tierra como en el Cielo	141
To boldly go	147
TERCERA PARTE: EN EL CAMPO LOS ASTRÓNOMOS	153
El legado de Galileo	155
Astronomia Nova	161
Galileo y Kepler: una relación difícil	167
O Fortuna, velut Luna!	173
El extraordinario descubrimiento de Neptuno	175
La importancia de ser estrella	183
El manzano de Newton	189
Las extraordinarias lentes acromáticas	203
¡Cómo brillan las estrellas!	207
Espacio y tiempo	211
Los primos de Euclides	215
BIBLIOGRAFÍA	223

Prólogo

Han pasado seis años de la primera edición de esta obra, *En el cielo las estrellas* (EDIUNC, 2016). Hoy tengo el gusto de presentar una nueva edición, con un texto revisado y corregido, y una exhaustiva reorganización del material. He agregado varios capítulos con temas que me resultan fascinantes, y que espero que mis lectores disfruten de igual manera. Encontrarán discusiones sobre la relevancia de la física cuántica en la vida cotidiana, sobre las estrellas que llamamos enanas blancas y la rarísima materia que las compone, sobre la estrella más extraordinaria de la galaxia, sobre Galileo y su inadvertida observación de Neptuno, sobre la famosa anécdota de la manzana de Newton, y mucho más. La edición digital me ha permitido, además, utilizar muchas figuras en colores, que no sólo son más atractivas sino que, en ocasiones, facilitan la ilustración del texto que las acompaña.

Agradezco a Gabriela por su cuidadosa lectura del manuscrito. Y agradezco también a los lectores de la primera edición, y a los muchos candidatos a lectores que siguieron pidiendo *En el cielo las estrellas* una vez que aquella se hubo agotado. Estoy seguro de que disfrutarán de ésta.

GA

Bariloche, junio de 2022

Prólogo de la 1ª edición
Dr. Miguel Hoyuelos[1]

En un mundo donde la luz artificial hace cada vez más difícil la observación de las estrellas, Guillermo Abramson nos aconseja que no nos olvidemos del cielo nocturno. Que simplemente nos detengamos a observarlo y a disfrutar de esa experiencia sobrecogedora. Es un buen consejo. La sensación más intensa en ese momento quizá sea la de misterio. La de ser testigo de un enorme e inconmensurable misterio. Según Einstein, la sensación de misterio es la fuente de toda arte y ciencia verdaderas. No nos olvidemos del cielo nocturno.

Los integrantes de las culturas aborígenes sabían cuáles eran las constelaciones que correspondían a las distintas estaciones del año, tenían idea del paso del tiempo durante la noche en función del movimiento de las estrellas y podían distinguir a Venus y saber que su movimiento era distinto. Es una situación algo paradójica que el habitante promedio de las ciudades modernas carezca de estos conocimientos mientras los científicos no dejan de arrancar al cielo misterios cada vez más profundos. Hoy ya no necesitamos mirar el cielo para saber cuándo comienza la temporada de caza o cuándo debemos iniciar la migración. Pero si dejamos de mirar al cielo estaremos abandonando un tesoro valioso, muy valioso, acumulado durante siglos.

La experiencia de observar el cielo alcanza su máximo goce cuando se complementa con conocimientos. Me refiero a conocimientos científicos, pero no solamente a ellos. Como cuenta Abramson, también se disfruta con las leyendas asociadas a las constelaciones o con las historias de los apasionados investigadores que dedicaron su vida a revelar los secretos

---

[1] Doctor en Física, es profesor de la Universidad Nacional de Mar del Plata e investigador del Conicet. Trabaja en el área de la Mecánica Estadística, en el Instituto de Investigaciones Físicas de Mar del Plata. Es autor de obras de divulgación científica (*Física Manifiesta I* y *II*, y *Ciencia y tragedia*), de notables novelas sobre el futuro de la inteligencia artificial, *Siccus* y *Oshjam*, y del tratado *Introducción al no equilibrio*.

del cielo. Es en esta combinación de ciencia, historia y leyenda donde se encuentra el gran atractivo de este libro.

Abramson usa un lenguaje coloquial y ameno, sin dejar de ser preciso y riguroso, para contarnos algunas de las infinitas y apasionantes historias del cielo, y esto nos lleva a pasar las hojas una tras otra en una experiencia placentera. Es el mismo lenguaje que utiliza en su blog, del mismo nombre que este libro, que actualiza cada sábado desde enero de 2010 con rigurosa disciplina. Ahí dice: «Intento transmitir las cosas que me maravillan, el valor de la cultura científica, lo que nos enseña la Astronomía acerca de nuestro lugar en el universo». La misma intención, por supuesto, se manifiesta en estas páginas. Aquí podrán conocer las aventuras de Orión, el cazador, y su enemigo, el Escorpión, los secretos del misterioso rayo verde, el universo invisible que los detectores de radiación infrarroja o ultravioleta nos pueden revelar, los trucos de la luz en la superficie de la Luna, el asteroide de El Principito, la rara órbita de Plutón, el extraordinario viaje de las sondas Voyager y las fascinantes historias de Galileo, Kepler, Herschel, Le Verrier o Hubble, entre muchas cosas más.

No nos olvidemos de mirar hacia el cielo. Tiene muchas buenas historias para contarnos. Si bajamos la mirada, que sea para leer un excelente libro, como el que ahora tiene en sus manos.

Prefacio

En el cielo las estrellas, en el campo las espinas… ¿Quién no se ha pasado horas echado de espaldas en el campo (tratando de evitar las espinas), o en la playa, o en una roca pelada, contemplando el maravilloso espectáculo natural de la bóveda estrellada? Lejos de la luz de las ciudades el cielo nocturno es uno de los panoramas sobrecogedores de nuestro mundo. Una de las visiones inspiradoras de la experiencia humana. Hay quien se vuelve poeta. Hay quien se siente insignificante. Hay quien se siente enorme por ser parte del Cosmos. Hay quien deleita su espíritu con imaginarios viajes a los mundos que vemos tan distantes, y con los extraordinarios fenómenos físicos que los animan, tan fuera de la experiencia y de la escala humanas.

Estas páginas no son una introducción a la ciencia de la astronomía. Tampoco son un compendio de la mitografía del cielo, ni una detallada historia de sus observadores. Son el intento de compartir una experiencia personal en la contemplación del universo. Una experiencia compuesta de todas esas cosas: la ciencia, el mito, la historia. Son una invitación a disfrutar del cielo nocturno como parte de nuestra cultura. Porque hay en el cielo tanto fenómenos fascinantes como anécdotas jugosas. Y si algo queda sin explicar, a no desilusionarse: que sea una invitación a averiguarlo, ya que hoy en día tenemos tanta información fácilmente accesible, desde los libros clásicos hasta los artículos técnicos en las fronteras de la ciencia.

Que sean una fuente de inspiración bajo el cielo estrellado.

PRIMERA PARTE
EN EL CIELO LAS ESTRELLAS

En las paredes de la cueva de Lascaux, en el sur de Francia, abundan magníficos toro y ciervos. Dicen que unos puntos pintados entre ellos son estrellas, constelaciones de los hombres de las cavernas. Tal vez nunca lo sepamos con certeza. Pero estoy seguro de que aquellos lejanos antepasados, hace 17 mil años, que vivían en un mundo tan distinto del nuestro, también sintieron la fascinación del cielo nocturno. Ese tapiz de miles de luminarias misteriosas, brillando con una luz fría, tan distinta de todas las otras luces. Presididas por la cambiante Luna, a veces sí y a veces no, con un ritmo fácil de seguir.

En medio del desorden de las estrellas más brillantes, ¿quién no buscaría formas reconocibles? Para entretener a los chicos, para sustentar una adivinación, para pasar el rato, para contar una historia… El Toro, el Escorpión, el Gigante, la Serpiente, la Corona… Hemos recibido muchas de nuestras constelaciones desde la profundidad de los tiempos. Sus caprichosas figuras siguen presidiendo nuestro cielo, marcando con su danza anual el paso del tiempo. En una época en que cuantificamos todo, cada estrella, visible o invisible, está identificada en catálogos con números y coordenadas. Pero aun los astrónomos profesionales siguen refiriéndose a ellas como partes de esos antiguos personajes, protagonistas de historias mitológicas tan ajenas a la ciencia moderna.

Para muchos de nosotros nuestro primer contacto con las constelaciones fue a través de esas historias. Y aún después de haber aprendido los mecanismos que hacen brillar las estrellas, de haber vislumbrado la perspectiva de su organización en el cielo de la Tierra, de haber medido sus distancias, sus temperaturas, su composición química y sus campos magnéticos, esas historias siguen resonando en nuestras cabezas.

Además de medir el paso del tiempo, es indudable que las estrellas fueron fundamentales para los pueblos navegantes. En las largas noches de los mares del Norte, en las cortas noches del Océano Pacífico, en el Mediterráneo, incontables generaciones de vikingos, polinesios, griegos, fenicios y tantos otros pueblos trazaron sus rumbos guiados por las estrellas. Por increíble que parezca también los astronautas del Apollo viajaron a la Luna orientándose con las estrellas. Los observatorios astronómicos que existen hoy en día en el espacio también se orientan refiriéndose a las estrellas. Y generaciones de astrónomos aficionados hemos aprendido a desplegar las velas de la imaginación para navegar los mares del cielo de estrella en estrella, a veces construyendo mini constelaciones de uso personal, en busca de las tenues y diminutas joyas del cielo profundo con nuestros telescopios.

Empecemos entonces navegando entre las estrellas.

Cazador cazado

Las constelaciones son fruto de la imaginación humana, no de la naturaleza. Pero están tan enraizadas en nuestra cultura que la astronomía no se ha desembarazado de ellas. Después de todo, ¿por qué no dividir el cielo en rectángulos de 18°×18°, en lugar de llenar libros de ciencia con los nombres de personajes de ficciones milenarias, con formas apenas insinuadas por un puñado de estrellas? ¿Por qué los astrónomos de la Revolución Científica de los siglos XVI a XVIII siguieron haciéndolo, poniéndoles nombres como *Mesa*, *Indio* o *Tucán* a las constelaciones del hemisferio sur?

Porque nadie se resiste a una buena historia. Por eso. Y las historias de las constelaciones están muy buenas, y vienen capturando nuestra imaginación desde hace cientos de generaciones. Cuando yo era un niño las historias mitológicas de las constelaciones me gustaban tanto como las noticias de los viajes a la Luna y los planetas, que estaban en auge en esos años.

Una de estas historias es la protagonizada por dos de las constelaciones más fáciles de identificar: Orión y Escorpio.

Orión es una de las constelaciones que todo el mundo sabe reconocer, y es una de las más antiguas. Es grande y tiene muchas estrellas brillantes. Representa a un hombre: el rectángulo formado por las cuatro estrellas Betelgeuse, Bellatrix, Rigel y Saiph delinean sus hombros y sus piernas, y las famosas Tres Marías (Alnitak, Alnilam y Mintaka) marcan su cintura. De este cinturón pende su daga, adornada por la Gran Nebulosa de Orión. Vale la pena observar a Orión con el instrumento que se tenga, y aún a ojo desnudo. El contraste de color entre Betelgeuse (una estrella supergigante roja) y Rigel (una gigante azul) es notable a simple vista. Y pocas cosas se comparan a la visión de la Gran Nebulosa a través de un telescopio. Pero ya hablaremos de esto más adelante.

A Orión lo rodean sus perros de caza: Sirio, el Can Mayor, y Proción, el Can Menor, persiguiendo a la Liebre que se escabulle entre las piernas del

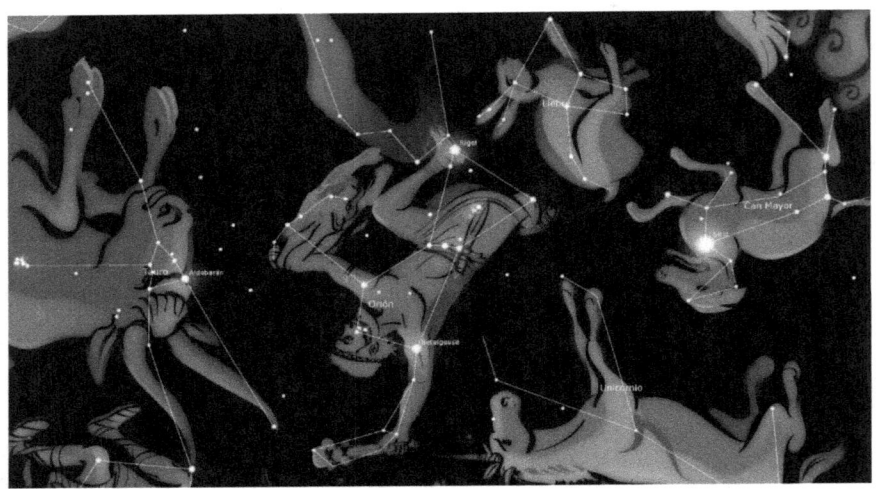

héroe. Frente a él arremete, amenazante, el Toro. Todo esto, desde el hemisferio sur, visto patas arriba, claro está. Así la vemos, magnífica en las noches del verano austral.

Para los antiguos griegos y sumerios este varón en el cielo era un cazador. Según los sumerios representaba al héroe Gilgamesh, el gigante inmortal, luchando con el Toro. El mito griego, en cambio, no lo relaciona con el Toro. Esto es un poco raro, porque el equivalente griego de Gilgamesh es Hércules, quien también tuvo que someter a un toro. Además, se lo representa con las armas de Hércules: una maza en una mano y una piel de león en la otra. Pero al máximo héroe de la mitología griega le tocó una constelación menos magnífica que ésta: mientras Orión tiene 7 estrellas de primera magnitud, ¡Hércules no tiene ninguna! Ya desde tiempos de Homero el gigante en el cielo representaba, para los griegos, a Orión, hijo de Poseidón, alto y hermoso, el más valiente cazador que haya pisado la tierra. Homero lo describe armado con una maza de bronce indestructible, y uno no puede dejar de pensar en Thor y Mjölnir, su martillo, ¿no?

Cuenta Robert Graves en *Los Mitos Griegos* que Orión tuvo un problema de polleras en la isla de Quíos. Allí se enamoró de Mérope, hija de Enopión, el rey del lugar. Mérope y sus hermanas también están en el cielo, formando las hermosas Pléyades, en la constelación de Tauro (casi en el borde izquierdo de la figura). Parece que el rey accedió al pedido de la mano de su hija, a cambio de que el héroe le limpiara el reino de alimañas y bestias salvajes. Orión empezó a cazar y cazar, mientras intentaba seducir a Mérope. Para su desgracia, no tuvo éxito. Puede pasar. Hasta que una noche Orión se emborrachó y violó a Mérope, lo cual desató la furia del rey, quien mandó arrancarle los ojos y arrojarlo al mar. Orión sobrevivió, vivió unas cuantas peripecias más, rompió corazones de diosas y dioses, recuperó milagrosamente la vista y otras cosas por el estilo. Lo que se dice una vida de héroe.

Una de las diosas que se enamoró de él fue, por supuesto, Artemisa, que compartía su gusto por la caza. El dios Apolo, celoso, le contó a Gaia (la Tierra) que Orión se jactaba de que cazaría a todos los animales del mundo. Entonces Gaia mandó un escorpión para que lo matara. Acá mi recuerdo del mito se aparta de lo que cuenta Graves: él dice que Apolo engañó a Artemisa, induciéndola a atacar a Orión, a quien apenas se distinguía nadando en el mar, a la distancia, escapando del escorpión. Artemisa lo atravesó con una flecha certera, pero se arrepintió al descubrir lo que había hecho. Lo quiso resucitar pero Apolo lo remató. En mi recuerdo infantil (leído en los libros de Monteiro Lobato) es el escorpión el que se acerca sigiloso por atrás, como hacen los escorpiones, y picando al jactancioso cazador le da muerte.

En todo caso Artemisa, tras la muerte del héroe, lo puso en el cielo en forma de constelación. Y ésta es la parte que más me gustaba cuando era niño: ¡en el extremo opuesto del cielo puso al Escorpión! De manera tal

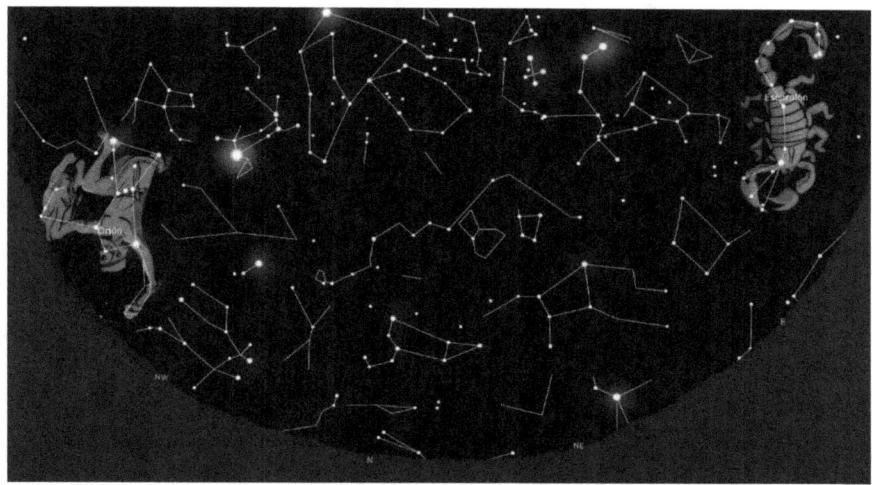

que, cuando uno sale por el Este, el otro se esconde por el Oeste, persiguiéndose eternamente uno al otro.

El Bicho

Se acerca el invierno. El astrónomo aficionado lo sabe. ¿Cómo lo sabe? ¿Porque crecen hongos bajo los pinos? ¿Porque hay escarcha en el césped por la mañana? ¿Porque los lomos de la cordillera se pintan de blanco? ¿Porque su teléfono celular le avisa? ¿Eh? Bueno, puede ser. Pero sobre todo, el astrónomo aficionado, el *buen* astrónomo aficionado, lo sabe porque al anochecer, por el horizonte del Este, se alza un monstruo, un arácnido gigantesco y amenazante: el Escorpión.

Asolando los cielos de la Tierra desde la época de Babilonia, Scorpius —el Escorpión— persigue sin pausa al cazador Orión, tal como mencionábamos en el capítulo anterior. El vanidoso gigante, en tanto, se escabulle al atardecer por el Oeste apenas el bicho sale por el Este.

Escorpio también es una constelación notable, una de las más parecidas al animal que representa, y así fue identificado en Egipto, Sumeria, Babilonia, Fenicia, Persia y luego Grecia y Roma. Curiosamente hasta los mayas lo llamaron *zinaan ek*: estrellas del escorpión, mientras que en China su característica forma serpenteante lo hace parte de un gran dragón. Escorpio aparece también en otro relato mitológico, contado por Ovidio en las *Metamorfosis*. Es una historia buenísima, que resultará familiar a cualquier padre con un hijo adolescente. Resulta que Faetón, el hijo del dios sol Helios, le pidió prestado el coche al padre: un carro espléndido, dorado y brillante que todos los días recorría el cielo. El padre le dijo que no, que era peligroso. Por supuesto, Faetón se lo robó y salió a pasear en el coche solar. ¡Y se lo chocó! Cuenta Ovidio que, pasando por el Escorpión, el chico se asustó del bicho y soltó el volante, bueno: las riendas, y empezó a caer hacia la Tierra, convirtiendo casi toda África en un desierto. Faetón, mortal a pesar de ser hijo de un dios, murió en el accidente. En realidad parece que Júpiter lo liquidó con un rayo para evitar una catástrofe.

Escorpio es grande y brillante, pero como en nuestro hemisferio nos sobrevuela en invierno tiene menos fama que Orión, que es una constelación de verano, cuando pasamos más noches al aire libre. Es una constelación plena de objetos interesantes para observar, entre ellos algunos de mis favoritos. Miremos a simple vista su silueta: al sur está la cola, enroscada como un signo de interrogación, lista para clavar el aguijón que forman dos estrellas brillantes y juntitas: Shaula (la más brillante) y Lesath. En la base de la cola hay dos dobles notables sin nombre propio. Mu Scorpii es una doble visible a simple vista, formada por dos estrellas separadas un décimo de grado. En el mito polinesio se las conoce como *piri-ere-ua*, "los inseparables", dos niños huyendo de sus padres en una historia como la de Hansel y Gretel. No se sabe si están ligadas gravitacionalmente: tienen el mismo movimiento propio, pero están a casi 0.9 años luz una de la otra. Cerca de Mu encontramos a Dseta Scorpii, que es una de las dobles más lindas del cielo, ya que son dos estrellas de colores muy contrastados, una

naranja y la otra azul. No es una binaria, se ven cerca por perspectiva simplemente. Desde Dseta Scorpii se extienden hacia el norte varios cúmulos estelares, siendo NGC 6231 el más notable. Es una de las regiones más preciosas del cielo. Muchas estrellas, nubecitas brillantes y oscuras ayudan a delinear uno de los asterismos más encantadores que conozco: una guitarra eléctrica, específicamente una Gibson RD. No hay foto que le haga justicia, pero traten de observarla con binoculares, es inconfundible.

En medio del cuerpo (¿el cefalotórax?) se destaca Antares (sí, Antares es una estrella además de una cerveza). Es una de las estrellas más brillantes del cielo, una supergigante roja algo menor que Betelgeuse, la otra supergigante roja de primera magnitud. Su nombre significa "rival de Marte", tal vez porque al ser roja, brillante y estar casi sobre la eclíptica, se la puede confundir con el planeta, que la visita cada tanto (como en la ocasión de mi foto). Una rareza son las dos estrellas que la flanquean y forman el cuerpo del arácnido: ¡tienen el mismo nombre! Alniyat y Alniyat.

El extremo septentrional de la constelación tiene tres estrellas brillantes que forman las pinzas: Graffias, Dschubba (la del medio) y Pi Scorpii. Graffias, la pinza izquierda, siempre casi igual de brillante que Dschubba. Pero en el año 2000 Dschubba empezó a aumentar su brillo hasta superar a su compañera y casi alcanzar a Antares, alterando el archiconocido aspecto de la constelación. Ahora sigue brillando en exceso. Se está apagando, pero sigue brillando.

Notarán que, en la figura, dibujé las pinzas del Escorpión mucho más largas que lo habitual, abarcando incluso estrellas de Libra. Así se lo conoció en la Antigüedad, ya que Libra es un invento romano. Los nombres de las estrellas brillantes de Libra lo delatan. La pinza derecha, por ejemplo, tiene el fantástico nombre de Zubenelgenubi, que significa precisamente "pinza derecha".

En nuestras latitudes australes, Orión preside los cielos del verano, y Escorpio los del invierno. Pero vale la pena abrigarse y salir a observarlo, a simple vista o con cualquier instrumento.

Canícula

Me sorprendió la definición de *canícula* en un juego de palabras que escuché en la radio. Un profesor proponía palabras de poco uso, o de uso incorrecto, para que los conductores arriesgasen un significado, y luego daba la definición. Planteó la palabra "canícula", y después de varias propuestas equivocadas de los participantes dijo que canícula era "un momento de mucha tensión". Sin embargo, tanto de acuerdo al Diccionario como al uso habitual, canícula es un momento de intenso *calor*. Por ejemplo el momento de máximo calor durante las tardes de verano.

¿Reconocen las primeras tres letras de la palabra? "Can", o sea: perro. En latín, *canícula* significa "perrita". Y cuando cae, la canícula nos deja como perros sin aliento, echados a la sombra. Curiosamente, la etimología conecta astronómicamente las dos cosas: el momento de máximo calor en el verano del hemisferio norte coincide con la aparición de Sirio (la estrella más brillante del cielo, la Estrella Perro de la constelación Can Mayor) justo antes del amanecer.

Este evento tiene un nombre raro, hoy en día un poco en desuso: es el *orto helíaco de Sirio*. Era un momento importante del año para los antiguos egipcios, quienes fueron los primeros en desarrollar un calendario basado en la órbita de la Tierra (como el nuestro) en lugar del movimiento de la Luna. Después de haber estado ausente del cielo nocturno durante meses, la primera vez que Sirio se hacía visible sobre el horizonte justo antes de la salida del Sol marcaba el inicio del año, en épocas del Imperio Medio. La importancia del evento se debía a que coincidía con la temporada anual de crecida del río Nilo, fuente de la riqueza del imperio. Midiendo con precisión los días transcurridos desde una de estas primeras apariciones de Sirio a la siguiente los astrónomos egipcios descubrieron que el año duraba 365 días y un cuarto. Sin embargo, por razones no del todo claras, no modificaron su calendario y siguieron usando uno de 365 días, con 12 meses de 30 días cada uno más 5 días por gracia de Tot. Al no tener años bisiestos, las fechas del año se iban corriendo (un día cada 4 años) con respecto a las estaciones del año, en un ciclo de 1460 años (4 por 365 para completar un ciclo). El error fue corregido recién en tiempos de la dominación romana, cuando Julio César obligó a Egipto a adoptar el calendario juliano con sus bisiestos, que persistiría hasta la reforma sancionada por el papa Gregorio XIII. Esta relación entre Sirio y el calendario ha servido para determinar buena parte de la cronología del Egipto antiguo.

La fecha exacta depende, además, del lugar de la Tierra desde donde se observe. ¡En el hemisferio sur ocurre en medio del invierno! Mucho calor no hace, y en mi ciudad ni siquiera vemos el cielo. Así se suele ver mi calle. ¡Qué frío! ¿Cuál es el antónimo de canícula?

Piscis

Ya que hemos mencionado constelaciones del verano y del invierno, repasemos una de las constelaciones típicas de la primavera (austral, o del otoño boreal), Piscis. En Piscis está el punto vernal: el cruce entre el ecuador y la eclíptica por donde pasa el Sol en el equinoccio de marzo. Así que en primavera esta región del cielo está en la dirección opuesta al Sol, y es el mejor momento para observarla. Piscis es una constelación rara. Es muy grande pero no tiene ninguna estrella brillante. Sus luminarias no llegan a tercera magnitud. Pero tiene una forma fácil de reconocer en el cielo, un circulito de estrellas similares que forman un pentágono.

El resto de la constelación es una larga fila de estrellitas en forma de V. Curiosamente, en la misma región del cielo hay *otro* circulito muy parecido, en la constelación de Cetus, la Ballena, y es muy fácil confundirlos. Pero justo al norte de Piscis está el Gran Cuadrado de Pegaso, formado por cuatro estrellas brillantes, que ayuda a orientarse.

Piscis, como sabemos, es la constelación de los peces. En la representación tradicional, Piscis son *dos* peces (uno de ellos es el circulito de estrellas). ¿Qué representa la larga ristra de estrellas? Está relacionada con el mito correspondiente, porque Piscis son dos peces unidos por una cuerda (a veces unidos por la boca, otras veces atados por las colas), que podemos ver

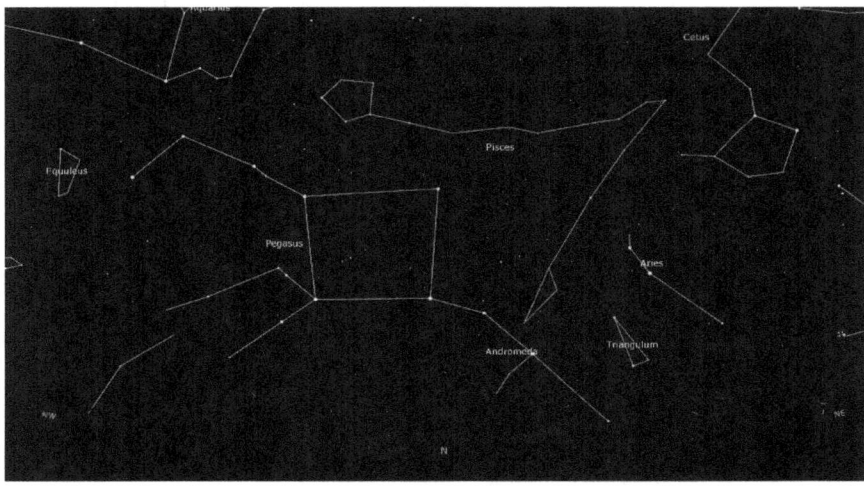

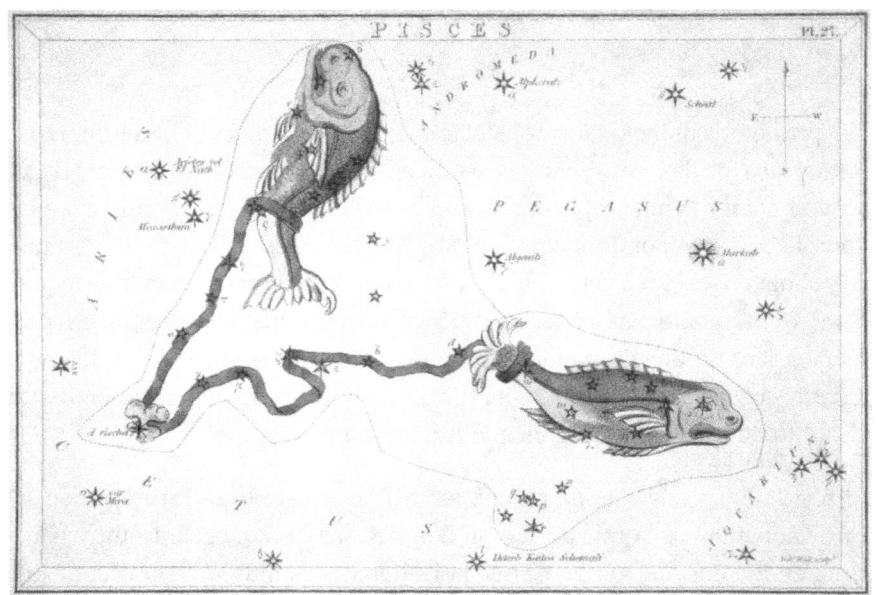

en representaciones tradicionales, y también en mapas astronómicos antiguos.

El mito griego de Piscis es uno de los últimos eventos de la guerra entre los dioses y los titanes, la generación de dioses olímpicos. Resulta que el más joven de los gigantes (los gigantes, hijos de Gaia, tomaron el partido de los Titanes) era el monstruoso Tifón, tan impresionante que es una lástima que no esté entre las constelaciones. Era tan inmenso que, parado en la tierra, su cabeza llegaba a las estrellas. Sus piernas eran serpientes. Sus brazos medían cientos de kilómetros de largo, y al final de ellos tenía cabezas de serpiente en lugar de manos. En lugar de una cabeza tenía cien cabezas de dragón. Sus ojos brillaban rojos y con su aliento expulsaba roca fundida y humo. Era tan aterrador que los propios dioses del Olimpo huyeron en lugar de confrontarlo. Así llegaron a Egipto, perseguidos por el monstruo, donde se transformaron en animales para pasar desapercibidos. No hay nada mejor que transformarse en animal para pasar desapercibido.

Afrodita y Eros (Venus y Cupido en la versión romana), los dioses del amor, se transformaron en peces y se arrojaron al Nilo. O se arrojaron al Nilo y se transformaron en peces, no me queda del todo claro. Pero el Nilo es un río barroso, tipo el Paraná. Sus limos eran la fuente de la riqueza histórica de Egipto, después de todo, cuando inundaban anualmente los campos y los dejaban listos para la nueva cosecha de grano. Así que los dioses piscificados se ataron con una cuerda para no perderse en la correntada. Y así escaparon de Tifón. Esto alcanza para explicar la forma de Piscis, pero lo mejor del mito viene ahora.

Artemisa (Diana), la diosa de la caza, empezó a rezongar contra su padre Zeus, diciendo que era un cobarde, que no podía huir así. De manera que Zeus, un poco por vergüenza, confrontó finalmente a Tifón. Montó en su carro y comenzó a perseguirlo arrojándole sus famosos rayos. La persecución llegó hasta Sicilia, donde finalmente el dios logró herir al gigante, lo alcanzó y lo aplastó ¡arrojándole encima el monte Etna! Pero claro, ¿cómo se mata a un inmortal? Aún hoy en día, tantos miles de años después, el humeante aliento de Tifón surge de la cima del volcán Etna, que está en erupción casi permanentemente. Genial.

La huella del choique

El fin del otoño es la época ideal para observar la Cruz del Sur. En las primeras horas de la noche se la puede ver bien alta en el cielo del Sur, correctamente orientada con el palo largo casi vertical y el crucero horizontal.

La Cruz del Sur está formada por cuatro estrellas muy brillantes y que forman un diseño compacto tan fácil de identificar que todo el mundo sabe reconocerla. Así que esto va a sorprender a más de uno: ¡la Cruz del Sur es la constelación más pequeña del cielo! A diferencia de Orión o de Escorpio, con sus 500 grados cuadrados, la Cruz cubre apenas 68 grados cuadrados en el cielo. A pesar de ser una constelación muy austral, la Cruz era visible para los antiguos griegos. Pero el lento movimiento de precesión de la Tierra, que cambia sutilmente la inclinación del eje de rotación, la puso fuera del alcance de los observadores europeos posteriores. Fue redescubierta durante los viajes oceánicos en el Renacimiento, y le pusieron un nombre significativo para la cultura de su época.

Todos los pueblos del hemisferio sur de la Tierra, por supuesto, ya la conocían. En la lengua de los mapuches su nombre es Melipal ("meli" es cuatro). ¿Quieren saber qué representaban estas cuatro estrellas antes de la llegada de los europeos?

Desde la Patagonia hasta los guaraníes, los pueblos sudamericanos veían en la Cruz la pata de un ñandú; un choique (*Rhea pennata*) aquí en la Patagonia, un ñandú común (*Rhea americana*) más al norte. Inclusive es fácil dibujar un ñandú enterito usando las cuatro estrellas de la cruz en una de sus patas, y estrellas de Centauro para el resto del ave. En la imagen de la página siguiente la vemos caminando en la Vía Láctea. Parece que va derecho a picotear al Escorpión. La verdad que es un dibujo más realista que el de muchas constelaciones convencionales.

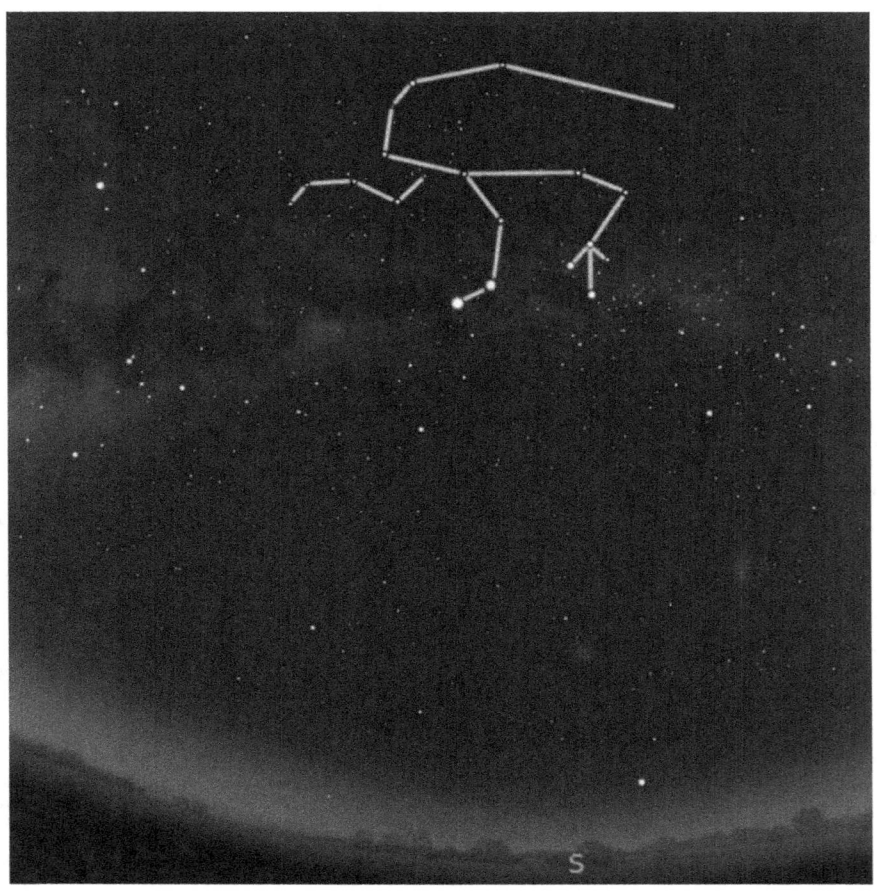

Imagino que muchos de mis lectores nunca vieron un ñandú, o al menos no de cerca. Mucho menos una pata de ñandú. Yo he visto ñandúes de lejos, desde el auto, en la estepa patagónica. Pero nunca una huella. ¿Cuántos dedos tiene? La mayor parte de las aves tienen 4 dedos, y sus huellas suelen mostrar el cuarto dedo hacia atrás del "talón". ¿Cómo es la huella del choique? En Monte Hermoso, en el sur de la provincia de Buenos Aires, hay una formación rocosa llamada El Pisadero. Es una plataforma de arcilla endurecida, en medio de la playa, cubierta de centenares de huellas de personas y de animales, de unos 7000 años de antigüedad. Entre ellas hay unas cuantas pisadas de ñandúes, como la de la próxima foto. Tienen 3 dedos. El talón y los tres dedos forman una figura bien parecida a las cuatro estrellas de la Cruz. Una belleza ¿no?

Dicen que en Australia la Cruz forma parte de la cabeza de un emú, que es un ave parecida al ñandú, y que también tiene 3 dedos en cada pata. Curiosa coincidencia ornitogaláctica. No sé nada de los pueblos del sur de África. El avestruz africano tiene 2 dedos en cada pata, así que para pata de avestruz, la Cruz del Sur, no sirve.

Constelaciones de objetos reales

Más o menos la mitad de las 88 constelaciones hacen referencia a seres mitológicos de la Antigüedad clásica. El resto recibió nombres en los siglos XVII y XVIII, y se refieren a cosas que le interesaban a la gente de esos tiempos de viajes de descubrimiento: barcos, brújulas, relojes, telescopios y microscopios, peces y aves, indios, etc. Unas pocas, sin embargo, son objetos reales, objetos únicos que existieron de verdad. ¿Qué tal tener algo en el cielo que recuerde, por los siglos de los siglos, algo que alguna vez uno tuvo en sus manos, ante sus ojos? Aquí van.

El Sextante de Hevelius

En 1679 el observatorio del astrónomo polaco Johannes Hevelius se incendió. Perdió todos sus libros y sus instrumentos, entre estos un sextante que usaba junto con su esposa Elisabeth, también astrónoma. Una vez reconstruido todo, bautizó Sextans la constelación donde observó un gran cometa en 1680, para recordar a su instrumento perdido. La "figura" del Sextante está formada por tres estrellas de cuarta y quinta magnitud, a los pies de Leo, el León. Este grabado lo muestra usando el sextante con su señora.

El Escudo de Sobiesky

Tres años después Hevelius le puso nombre a otra constelación: Scutum Sobiescianum, hoy llamada Scutum, el Escudo. Es el Escudo de Sobiesky, en referencia al escudo de armas del rey de Polonia Juan III Sobiesky, comandante de las tropas aliadas que derrotaron a los turcos en la Batalla de Viena, que marcó el final de las pretensiones otomanas de invadir Europa.

Scutum tampoco tiene estrellas brillantes, pero está en una región muy densa de nubes estelares en dirección del centro de la Galaxia (justo al norte de la Tetera de Sagitario). Así que es un destino obligado para quienes exploran el cielo con binoculares.

El Retículo de Lacaille

El astrónomo francés Nicolás Luis de Lacaille se pasó una temporada observando los cielos australes desde el Cabo de Buena Esperanza, en el siglo XVIII. Allí les puso nombre a 14 constelaciones australes, nada menos. Entre otras, bautizó *Reticule Romboide* a un pequeño rombo de estrellas junto a la Nube Mayor de Magallanes. Lacaille eligió el nombre para celebrar su propio retículo astronómico, una redecilla de finísimos hilos de seda cruzados que se colocaba en la lente ocular para medir con precisión la posición de las estrellas. Cuando publicó su catálogo,

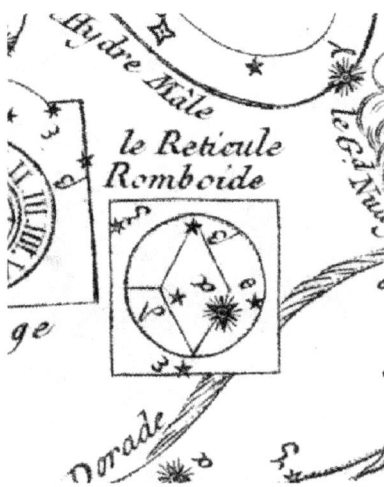

en 1763, bajo el título *Coelum Australe Stelliferum*, latinizó el nombre a Reticulum, y explicó que se trataba de "el pequeño instrumento utilizado para elaborar este catálogo". En su libro muestra inclusive un diagrama del verdadero aparato y explica su funcionamiento.

El Cerro Mesa

Durante su estadía en Sudáfrica Lacaille también bautizó la constelación de Mensa, por el Cerro Mesa que se encuentra junto a Ciudad del Cabo. Las estrellas más brillantes de Mensa apenas alcanzan magnitud 5. Y nadie les presta atención porque Mensa alberga un tercio, más o menos, de la Nube Mayor de Magallanes, que se lleva todas las miradas. Estoy seguro de que casi todos recuerdan al Cerro Mesa, llamado Table Mountain en inglés. Lo vimos frecuentemente durante la Copa del Mundo 2010, ya que es una de las imágenes más características de Ciudad del Cabo. Inclusive, los que se sentaron en las filas más altas del estadio durante este cuarto de final entre Argentina y Alemania (ay, ¿era necesario recordarlo?) podían verla como en esta foto.

La cabellera de Berenice

Esta historia es más antigua y parece mitológica, pero es cierta de cabo a rabo. La reina Berenice II de Egipto era la esposa del tercer Ptolomeo, de la dinastía macedónica que reinó en Egipto tras la conquista de Alejandro Magno. Durante una campaña bélica de su marido a Siria ofrendó su cabellera a la diosa Afrodita para augurar el regreso seguro del rey. He aquí que durante la noche las trenzas desaparecieron. Alguien se las robó, seguro. La reina montó en cólera, además del temor que le dio por la suerte del rey en la batalla. Un sacerdote barra astrónomo (¿principal sospechoso?) la convenció de que la diosa, encantada con la ofrenda, había puesto la cabellera en el cielo, en forma de un montoncito de estrellas entre Leo y Virgo. La reina se tranquilizó, el rey volvió sano y salvo, y el cielo ganó la constelación Coma Berenices, hoy simplemente Coma, la Cabellera. La encontramos detrás de la cola del León, y además de su famoso grupito de estrellas que le da el nombre tiene muchas galaxias en su frontera con Virgo. Destino obligado con telescopio más bien grande. El cuadro muestra a Caterina Sagredo Barbarigo como Berenice, cortándose la trenza. Es obra de Rosalba Carriera, una artista veneciana de una época con pocas mujeres pintoras.

La Cruz del Sur

Alguno dirá que también la Cruz del Sur se refiere a un objeto real. Es cierto, pero es más indirecto, ya que hace referencia al símbolo religioso, que a su vez recuerda el objeto histórico. Y hubo otras, ya en desuso: el Telescopio de Herschel, el Río Tigris, un cierto toro de otro escudo polaco... quedarán para otra ocasión.

La negrura de la noche

Virgilio describe el descenso de Eneas y la Sibila al Infierno con este verso insuperado:[2]

> «*Ibant obscuri sola sub nocte per umbram.*»

Es decir:

> «*Iban oscuros bajo la solitaria noche, a través de las sombras.*»

Qué construcción rara, ¿no? Hay una transposición de adjetivos. Lo natural sería decir: *Iban solitarios bajo la noche oscura*. De algún modo la descripción gana intensidad poética de esta manera. La libertad que da el latín para el orden de las palabras, poniendo "sola" delante de "sub" y junto a "obscuri" refuerza el efecto.

Este comienzo clasicista es apenas una excusa para hablar, justamente, sobre la oscuridad de la noche. ¿Por qué la noche es oscura? Parece una trivialidad, pero no es del todo obvio que el cielo nocturno deba ser oscuro. Se suele llamar *paradoja de Olbers* a esta cuestión. Lleva el nombre de Heinrich Olbers, quien fue un médico alemán de principios del siglo XIX, y astrónomo "aficionado" de gran influencia en su tiempo.

La paradoja dice lo siguiente: si el universo fuera infinito, eterno y lleno uniformemente de estrellas, entonces el cielo nocturno no podría ser oscuro. En cualquier dirección que mirásemos nuestra línea visual, más tarde o más temprano, encontraría la superficie de una estrella. Así que vendría luz de *todas* las direcciones. Es como cuando estamos en un bosque, y en todas direcciones vemos troncos de árboles; más lejos o más cerca, pero lo único que vemos es corteza. Entonces, *¿por qué la noche es oscura?*

Tal como ocurre en las demostraciones matemáticas por reducción al absurdo la respuesta viene por el lado de las suposiciones: o bien el universo no es infinito, o no tiene infinitas estrellas, o no es eterno, o las estrellas no están distribuidas uniformemente. Pero, a diferencia de la matemática,

---

[2] "Insuperado" llama Jorge Luis Borges al famoso verso de la *Eneida* en uno de los ensayos publicados bajo el título *Siete noches*.

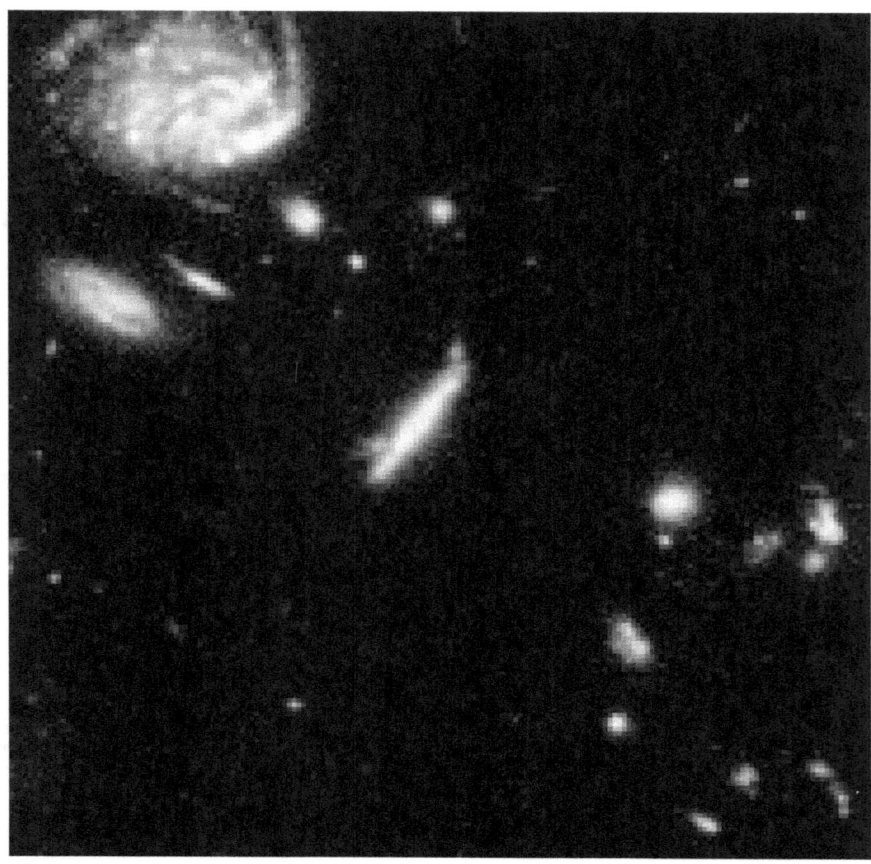

la verdad hay que encontrarla en el mundo real, no en la lógica del razonamiento.

Curiosamente, la respuesta hoy aceptada por la cosmología fue anticipada por Edgar Alan Poe. Sí, el escritor norteamericano, más famoso (con justicia) por sus cuentos de misterio y horror que por su afición a la ciencia, quien lo explica así en su obra *Eureka*:

«*La única manera por la cual podemos comprender los vacíos que muestran nuestros telescopios en innumerables direcciones, sería suponiendo que la distancia al fondo invisible sea tan inmensa que ningún rayo de luz proveniente de allí nos ha alcanzado todavía.*»

Es una explicación sorprendente para el siglo XIX porque implica la existencia de un universo dinámico, con una especie de *horizonte* más allá del cual no podemos ver, ya que la luz se propaga a una velocidad limitada. La luz que viene de más allá del horizonte *no ha tenido tiempo* de llegar hasta nosotros. El universo, parece decir Poe, podría no ser eterno. Podría tener un origen.

El siglo XX vio convertirse esta especulación literaria en una teoría científica: el universo se originó en un instante lejano en el tiempo, medido actualmente con gran exactitud, y efectivamente hay un horizonte más allá del cual no podemos ver. Es la teoría que popularmente se llama Big Bang. Una de las imágenes más famosas tomadas por el telescopio espacial Hubble es el Ultra Deep Field:[3] una foto de *un millón de segundos* de exposición, en la que se ven galaxias apenas más cerca que este horizonte. Ele pedacito del Ultra Deep Field que mostramos en la página anterior ilustra el fenómeno. Abarca más o menos el ancho de un pelo sostenido con el brazo extendido. Cada manchita de luz es una galaxia, con sus cientos de miles de millones de estrellas. Cada vez más lejos, más lejos. Y entre galaxia y galaxia: nada. El horizonte. *La oscuridad de la noche.*

El lector atento no podrá dejar de sospechar que aquí se esconde otra paradoja. Detrás de todas las estrellas, detrás de todas las galaxias, ¿no deberíamos ver el resplandor del Big Bang? Debería haber una "luz más antigua posible", la que viniese del momento en que el universo se volvió transparente. Al principio, mientras la temperatura era tan alta que no existían átomos sino un plasma caliente de protones y electrones, la luz no podía propagarse. Pero al expandirse y enfriarse el plasma se formaron los átomos de hidrógeno y la luz viajó libremente por el espacio. La temperatura era en ese momento todavía muy alta, miles de grados, similar a la

---

[3] El Ultra Deep Field es de la NASA/ESA/STScI. La foto completa abarca más o menos 1 mm^2 a la distancia de un brazo extendido, y contiene unas 10 mil galaxias. *Extiendan una birome al cielo, y con la bolita estarán eclipsando la luz de diez mil galaxias.* El Telescopio Espacial Hubble ha completado una nueva versión del Campo Profundo, al que llamaron Extremadamente Profundo. Acumula 2 millones de segundos de exposición.

superficie de una estrella. ¿Ese resplandor no debería llenar todo el espacio? ¿Por qué no vemos un fondo brillante, en lugar de oscuro? ¿Por qué la noche es oscura? ¿Eh?

La razón es que el universo siguió expandiéndose, y la expansión del espacio produjo un estiramiento de la longitud de onda de la luz. Hoy, esos mismos fotones, que están viajando desde hace 13 mil millones de años, están tan estirados que los vemos en la región de las microondas en lugar del ultravioleta. Representan una temperatura de 270 grados bajo cero: es la negrura del cielo nocturno.

¿Y las otras posibilidades? ¿No podría darse el caso de que las estrellas no estén distribuidas uniformemente? Si las estrellas tuviesen una distribución muy heterogénea, por ejemplo organizadas en forma jerárquica, con acumulaciones y vacíos de todos los tamaños, podrían quedar direcciones sin iluminar. El propio John Herschel[4] sugirió esta idea en el siglo XIX. Hoy en día una distribución de este tipo se llama *fractal*, y se caracteriza por una dimensión geométrica que no es un número entero.

Ciertamente las estrellas de nuestra galaxia *no están* distribuidas uniformemente. ¿Qué pasa con la distribución de galaxias? Tampoco es uniforme, sino que forma una especie de espuma de una escala gigantesca. El

---

[4] Hijo del famoso William Herschel, descubridor de Urano y el más grande constructor de telescopios del siglo XVIII, John tiene un lugar propio en la Historia de la Astronomía y de la ciencia.

descubrimiento de esta organización a gran escala de la materia es una de las piezas claves de la cosmología moderna, comparable a los descubrimientos de la expansión del universo y del fondo cósmico de microondas. Y resulta que si la distribución de estrellas (o galaxias) tuviese una dimensión fractal menor que 2, entonces podría haber un fondo oscuro aún en un universo infinito y eterno.

Curiosamente la mejor evidencia observacional apunta justamente en esta dirección. La distribución de galaxias obedece a una forma fractal que, de acuerdo a las mejores mediciones,[5] tiene una dimensión *aproximadamente* 2. ¿Qué consecuencias cosmológicas podría haber si mejores mediciones concluyeran que la dimensión es efectivamente menor que 2, aunque sea por poquito? La existencia de un horizonte cosmológico no está actualmente en duda, ya que existe abundante evidencia independiente, pero el detalle de la estructura en gran escala del universo es un campo de intensa investigación observacional y teórica hoy en día. Se procura explicar la actual distribución de galaxias a partir de las condiciones iniciales observadas en el fondo de microondas. Nada menos.

---

[5] En *Absence of self-averaging and of homogeneity in the large scale galaxy distribution*, de Francesco Sylos Labini y otros (Europhysics Letters, 2009), se muestra que la dimensión fractal de la distribución de galaxias es 2.1 ± 0.1.

El cielo en tecnicolor

Las estrellas son de colores. No es del todo obvio a ojo desnudo, porque nuestra vista no funciona igual de noche que de día. Cuando hay poca luz nuestra retina es casi ciega a los colores. ¡Por eso el dicho "de noche todos los gatos son pardos"! (Y por eso podemos ponernos medias de colores distintos si nos vestimos con poca luz a la madrugada...) Pero algunas estrellas son suficientemente brillantes como para que veamos su color. En particular, se distingue perfectamente que estrellas como Betelgeuse (en Orión) o Antares (en el Escorpión) son más bien rojas. A través del telescopio, que recoge mucha más luz que nuestras pupilas, los colores son más evidentes, y podemos ver estrellas azules, blancas, amarillentas, anaranjadas o rojas. También salen los colores en fotografías, especialmente si uno se las ingenia para desenfocar ligeramente la foto. Hay que decir que el desenfoque a veces es casual, por no decir que es un error del fotógrafo. En fin, aunque técnicamente la foto sea un desastre —una foto para tirar— igual podemos aprovecharla. El desenfoque hace que sólo se vean las estrellas más brillantes, formando circulitos de colores. Inclusive es más fácil reconocer el paisaje estelar que con los miles de estrellas puntuales que salen en una foto de larga exposición perfectamente enfocada.

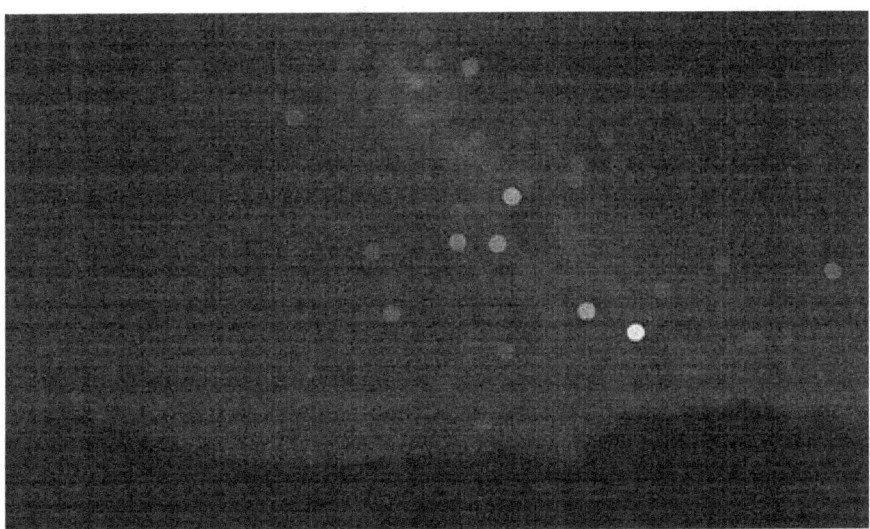

Esos colores que vemos en las estrellas son reales; las estrellas realmente son de colores. Fenómeno: hay estrellas rojas y estrellas azules. En la escuela nos enseñaron que el rojo es un color cálido y el azul es un color frío. Una estrella roja, ¿es más caliente que una azul? Todas mis profesoras escolares de plástica, desde la Señorita Murphy hasta la Gómez Cornet, me inculcaron esta cuestión de los colores cálidos y fríos. Inclusive pintábamos un *círculo cromático*, donde estaban prolijamente acomodados los colores primarios, los secundarios, y a veces algunos intermedios. Uno aprendía que los colores cálidos se destacan y avanzan, mientras que los fríos retroceden. Parecía algo bastante natural: el Sol es amarillo y es caliente, el fuego quema y es rojo, el pasto es verde y fresco, los lagos y el hielo son azules y fríos...

La teoría *científica* del color se inicia con Newton (si no recuerdo mal fue el primero en pintar un círculo cromático), con sus experimentos de descomposición de la luz solar, el arco iris, etc. Por supuesto, el conocimiento acerca de la calidez de los colores y su valor en la pintura seguramente es muy, muy anterior. Hoy en día la teoría del color tiene más vericuetos que los que nos enseñaron las maestras, con vertientes tanto físicas como fisiológicas y psicológicas en las que no pienso meterme. Por ejemplo, cualquiera que haya usado un programa de procesamiento de imágenes para retocar fotos o componer obras de arte habrá oído hablar de las distintas *gamas* o *espacios de color*. Son una especie de versión científica y cuantitativa del círculo cromático.

En todo caso, el color de la luz de una estrella efectivamente depende en gran medida de la temperatura de su superficie, tal como el de una brasa en el fueguito del asado. Y existe un enorme rango de temperaturas estelares, desde algunas apenas tibias hasta otras a decenas de miles de grados. Las estrellas —y cualquier otro objeto, para el caso— emiten luz en todas las longitudes de onda del espectro electromagnético (nos ocuparemos más sobre esto más adelante). Si uno mide la intensidad de luz que emite un cuerpo caliente en cada longitud de onda se obtiene una curva que se llama *espectro de cuerpo negro* (aunque no sea negro, lo de negro es por otras

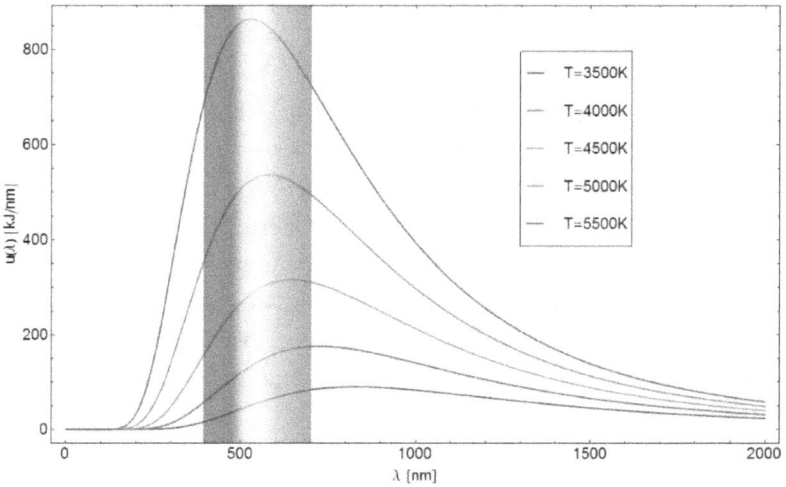

razones). Son como en la figura, donde puse 5 espectros correspondientes a distintas temperaturas, superpuestos a un arcoíris que representa la región de la luz visible, con longitudes de onda de entre 400 nm y 700 nm (nm son nanómetros, millonésimos de milímetros).

Esas cinco curvas tienen una misma expresión matemática, llamada *Ley de Planck* (más en el próximo capítulo). La Ley de Planck muestra una curva con un pico, un único máximo, indicando que casi toda la energía se emite en una región más o menos estrecha del espectro electromagnético. Las curvas que están dibujadas corresponden a temperaturas típicas estelares (3500 K a 5500 K).[6] Se ven de inmediato dos cosas. Primero, que cuando la temperatura es más alta, el pico es más alto. Esto dice que las estrellas más calientes emiten más energía electromagnética. Y, además,

---

[6] El símbolo K representa a la unidad de *temperatura absoluta* que usamos los físicos. Se llama Kelvin (no *grado Kelvin* sino simplemente *Kelvin*). El "tamaño" de un Kelvin es el mismo que el de un grado Celsius, pero la escala comienza en el *cero absoluto*, a − 273.15 °C. Así que las temperaturas absolutas son bastante fáciles de interpretar: para convertir de Kelvin a Celsius hay que restar 273 (coma quince, para los detallistas), y para convertir de Celsius a Kelvin hay que sumar. *Chiste nerd.* Hace poco @NASA_Hubble twitteó: "¿Escucharon sobre el tipo que se congeló al cero absoluto? Está 0K."

43

el pico se corre hacia la izquierda (hacia longitudes de onda cortas) al aumentar la temperatura.

Por ejemplo, una estrella cuya superficie está a 3500 K tiene el máximo en el infrarrojo cercano (es la curva más bajita). Es decir, de los colores visibles, el más intenso es el rojo. Estas estrellas "frías" se ven rojas. Es el caso de Betelgeuse, Antares, Aldebarán, o Gácrux (la estrella roja en la "cabeza" de la Cruz). Las estrellas más frías de todas son enanas marrones con temperaturas de alrededor de 2500 K. Nosotros mismos somos "cuerpos negros" a 310 K. Nuestro máximo, en la curva de Planck, está en la zona infrarroja: por eso se pueden usar cámaras infrarrojas para "visión nocturna".

Una estrella más caliente, como el Sol o Alfa Centauri (la estrella blanca brillante en el Puntero de la Cruz), tiene el máximo en la región visible, de modo que mezcla en forma más o menos pareja los colores, y vemos a estas estrellas más o menos blancas, amarillentas o anaranjadas (según sean más o menos calientes). Las estrellas más calientes aún tienen el máximo todavía más a la izquierda, inclusive en el ultravioleta. Así que el máximo de intensidad visible está en la región violeta y azul del espectro, y las vemos azules (como las otras estrellas de la Cruz, o las Tres Marías, por ejemplo).

Así que, si hablamos de estrellas, azul es un color cálido y rojo es un color frío... exactamente al revés que en la pintura. Qué se le va a hacer.[7]

---

[7] Otra cosa con la que nos hemos acostumbrado a convivir, tanto en los programas de procesamiento de imágenes como en los monitores de computadora, y más especialmente con la difusión de las cámaras fotográficas digitales, es la temperatura del color. ¡Ajá! ¡Podemos poner en práctica algo que aprendimos en cuarto grado! Bueno: no. En cuanto uno empieza a jugar con la temperatura de color de una cámara o una imagen, en seguida descubre que al subir la temperatura la foto se hace más azul, y al bajarla se hace más roja. Como en la curva de Planck. Pero nuestro subconsciente repite: el rojo es cálido y el azul es frío...

El desayuno cuántico

La Física Cuántica (o, como la llamamos los físicos, la *Mecánica Cuántica*) tiene un halo de misterio y paradoja, una reputación intimidante. Naturalmente, circulan versiones *light*, como para compartir en el café: "¿La Física Cuántica? Ya lo sé, estudia las cosas más chiquitas que existen". Todo bien, es cierto. Pero dicho así pareciera que la mecánica cuántica *sólo* se ocupa de cosas alejadísimas de la vida cotidiana: las partículas elementales, la radiación de los agujeros negros, el Big Bang, gatos vivos y muertos a la vez y el misterioso *entrelazamiento*, que parece magia. Digámoslo de una vez: nada más alejado de la realidad. Todas las mañanas, cuando preparamos el desayuno, en casa usamos este dispositivo cuántico.

¿Cómo? ¡Eso es un tostador! ¡Nada de cuántico! ¡Es un TOS-TA-DOR!

Sí: es un tostador. Cuántico.

¿Ven cómo brillan los alambres del tostador? ¿Por qué brillan? Porque están calientes. Es algo de lo más familiar: un cuerpo caliente brilla. En el siglo XIX los físicos estudiaron este fenómeno, conocido desde que los hombres de las cavernas inventaron el asado, y descubrieron *cuánto brilla en cada color*. Es decir, el *espectro* de un objeto caliente. Y encontraron algo sorprendente: el espectro es el mismo, ya sea que el cuerpo sea un carbón del asado, un vaso de vidrio que sale del horno, un pedazo de hierro en la fragua, o una estrella. El espectro obedece a la Ley de Planck que mostramos en el capítulo anterior: tiene un "pico" en un cierto color (un máximo donde está el máximo brillo) y brilla menos (de una manera matemática precisa) en los colores de longitud de onda mayor o menor que la del pico. Este tipo de fenómeno *universal* es irresistible para un físico: tiene que entender de dónde sale. Debe haber algún mecanismo único que lo explique.

El fenómeno es extremadamente sencillo: una cosa (cualquier cosa) caliente. Y de hecho su descripción en el contexto de la física de fines del siglo XIX (la mecánica hoy llamada *clásica*, más el electromagnetismo) es un *modelo* también muy sencillo. Que fracasa estrepitosamente. Muchas de las mejores mentes científicas atacaron el problema: Josef Stefan, Ludwig Boltzmann, Wilhelm Wien, Lord Rayleigh (el del color del cielo), James Jeans, entre otros. En particular, los dos últimos descubrieron que la energía radiada por un cuerpo caliente parecía depender de su temperatura (fenómeno) y de la longitud de onda (o sea, del color) de una manera particularmente sencilla. Pero había un problema: en la fórmula de Rayleigh-Jeans la longitud de onda aparece dividiendo, y encima elevada a la cuarta potencia. ¿Qué pasa cuando la longitud de onda es más chica? Al dividir por un número más chico, la energía da más grande. ¿Y si es más chica todavía? La energía es todavía más grande. Así no habría un pico: el brillo sube y sube sin parar para longitudes de onda menores y menores: ultravioleta, rayos X, rayos gamma... Si fuera así, cuando prendemos el fuego para el asado, ¡los carbones nos fulminarían con rayos gamma! Imposible. El fracaso recibió un nombre digno de una banda de rock: catástrofe ultravioleta.

Max Planck encontró la solución, y su presentación en la última reunión del siglo de la Asociación Física Alemana en diciembre de 1900 es uno de los momentos de gloria de la Física, y marca el comienzo de la física moderna, la Física Cuántica. Planck propuso que la cosa caliente emite su energía en "paquetes" (los *cuantos* que le dan nombre a la teoría), cada uno con una energía que sólo puede ser un múltiplo entero de una energía fundamental (que es además proporcional a la frecuencia, o sea la inversa de la longitud de onda). *Y le dio el pico.* Hoy la llamamos ley de radiación de Planck, una expresión matemática cuyo gráfico tiene la forma que mostramos en el capítulo anterior. La Ley de Planck explica el espectro de cualquier objeto caliente (llamado "cuerpo negro" por una cuestión técnica, pero que no necesita ser de color negro). Hay que decir que la ley de Planck de radiación del cuerpo negro fue una cabeza de playa, y que se necesitarían 30 años para tener una teoría razonable de los fenómenos cuánticos. Y es un edificio que no hemos terminado de construir.

Así que la mecánica cuántica no es *apenas* una rareza de fenómenos microscópicos y exóticos. *Necesitamos* la física cuántica para entender incluso fenómenos cotidianos. Y no sólo esto. La física cuántica está detrás de toda la civilización tecnológica en la que vivimos hoy en día. ¿La computadora en la que escribo esto? Un dispositivo cuántico. ¿El teléfono donde mis lectores lo leerán? Dispositivo cuántico. ¿Vas a buscar el resultado de la resonancia magnética de la rodilla? No me hagas empezar. ¿Pagás con tarjeta la compra en el supermercado? Una compra cuántica. ¿La cadena de producción y distribución de lo que compraste? Cuántica aunque nadie lo note. ¿Llegás a casa y prendés la luz? ¿Cómo te creés que la generaron, la manipularon, la distribuyeron? Te cambiás la ropa: a menos que críes tus propias ovejas, hiles la lana y la tejas... cuántica. ¿Ponés un CD (si todavía usás CDs)? Ni hablar. La física cuántica está tan inextricablemente ligada a nuestra vida que decir que "es lo que gobierna las cosas muy chiquititas" es una exageración innecesaria. Las explicaciones tienen que ser lo más sencillas posibles, pero *no más sencillas*.

Arrolla la sed

Parece mentira, pero hay gente que no "cree" en la Mecánica Cuántica. Cada tanto soy abordado por alguien que, al enterarse de que soy físico, me pregunta mi "opinión" sobre la Mecánica Cuántica. Voy a decirlo de una vez por todas: si quieren saber mi opinión sobre la Mecánica Cuántica, estoy a favor.

Chistes aparte, forma parte del relativismo cultural que se vive desde hace un tiempo la idea de que las teorías científicas son "opiniones" de los científicos. Tal vez contribuye el hecho de que la palabra "teoría" tiene un significado mucho más vago en el lenguaje cotidiano. *"Yo tengo la teoría de que la Selección tendría que dominar la pelota en el mediocampo"*, dice un tipo después de ver el último partido. Una teoría científica no es eso, pero es un tema un poco aburrido para tratarlo de manera abstracta. Es mucho mejor señalar algunos fenómenos típicamente cuánticos, fenómenos que *no podrían existir* si la Mecánica Cuántica no fuera verdadera. La vida cotidiana moderna tiene multitud de ejemplos, como ya mencionamos: la electrónica de los semiconductores que hace funcionar todo hoy en día, desde los autos hasta los teléfonos, el láser que se usa en tantos dispositivos (además de molestar a los arqueros antes del tiro libre). Y la familiar fluorescencia, que también es un típico fenómeno cuántico de la vida moderna.

La fluorescencia, demás está decir, es lo que hace funcionar las lámparas ídem, ya sea los viejos tubos como las lámparas "de bajo consumo". Hay también una fluorescencia inesperada que está ilustrada en la siguiente foto. Vemos un par de vasos, el de la izquierda con Paso de los Toros[8] y el de la derecha con agua. Arriba están iluminados por una luz negra y abajo por una luz normal. ¡El agua tónica es fluorescente! La radiación ultravioleta de la luz negra hace brillar por fluorescencia la quinina, que es el ingrediente amargo del agua tónica. No dejen de hacerlo en casa, el

---

[8] Paso de los Toros, originalmente uruguaya, es actualmente una marca registrada de Pepsi.

efecto es más hermoso que lo que la foto muestra, con el agua tónica brillando con un fantasmal color celeste.[9]

La fluorescencia de la quinina es un efecto inesperado y secundario con respecto a su principal uso como tratamiento de la malaria. Los ingleses popularizaron su uso en la India, y acabaron mezclándola con soda para hacer agua tónica, y con un toque de gin extra para hacer gin tonic. La quinina es un producto natural cuya única fuente conocida es cierto árbol

---

[9] Las lámparas de luz negra se compran en cualquier negocio de productos eléctricos. El agua tónica puede ser de cualquier marca, pero no todas brillan igual, deben tener distintas concentraciones de quinina.

del Perú, y cuando se descubrieron sus propiedades medicinales se convirtió en el principal tratamiento de la malaria desde el siglo XVII al XX. La cantidad que hay en el agua tónica es muy pequeña, pero aparentemente la quinina pura se ve fluorescer a plena luz del sol. Todavía no encontré dónde comprar quinina pura para probar el efecto (y hacer mi propia agua tónica).

La fluorescencia es también la causa de hermosos fenómenos astronómicos. En la foto vemos la Nebulosa de la Laguna (número 8 en el catálogo del señor Messier). Es una de las joyitas del cielo cercano al centro de la Vía Láctea, que se cierne casi en el cenit desde nuestras latitudes en invierno. La región que va desde la cola del Escorpión hasta el asa de la Tetera de Sagitario explota de estrellas, cúmulos y nebulosas que hasta el principiante más ingenuo, dotado del instrumento más sencillo, puede disfrutar un chapuzón. La Nebulosa de la Laguna es una gran nube de gas y polvo interestelar, de unos 50 años luz de diámetro y a unos 5000 años luz de nosotros, casi exactamente en la dirección del centro de la Galaxia. En esta foto se la ve con el característico color rosado de las regiones de gran

actividad de formación estelar. Ese color es el resultado de la intensa radiación ultravioleta de las estrellas jóvenes. El ultravioleta interactúa con el hidrógeno de la nube y lo hace brillar por fluorescencia con un rojo purísimo de 656 nanómetros de longitud de onda.

El mecanismo es así: la radiación ultravioleta ioniza los átomos de hidrógeno, es decir les arranca un electrón (el único electrón que tiene el átomo de hidrógeno), que normalmente vive su vida tranquilo en el nivel energético más bajo de su átomo. El electrón superenergizado rápidamente se vuelve a ligar a un protón (el núcleo del hidrógeno es un protón solito) y va "cayendo" por los sucesivos niveles de energía del átomo que, como explica la mecánica cuántica, son discretos. Es decir, cae como por los peldaños de una escalera, en lugar de un tobogán. En cada una de estas caídas pierde un poquito de energía en forma de un fotón de luz. En los cursos de cuántica elemental (inclusive cuando uno aprende la física del átomo en la escuela secundaria, si uno prestó atención) se llama *serie de Balmer* a esta secuencia de transiciones del átomo de hidrógeno. Cada escalón da un color distinto, pero el mismo escalón da siempre exactamente el mismo color. El salto del nivel 3 al 2 produce el fotón rojo característico, llamado H-α (se dice "hache-alfa"). A simple vista, inclusive a través del telescopio, no podemos verlo porque nuestra visión no distingue los colores de los objetos muy tenues (*de noche todos los gatos...*). Pero en fotos de larga exposición esta fluorescencia cuántica y colorada sale perfecta.

La degeneración de las estrellas

Aprieto un dedo contra la mesa y siento su dureza, no puedo penetrarla. Aprieto más fuerte y me duele un poco. Ni el dedo ni la mesa se mueven, así que no hay trabajo mecánico realizado, pero *siento* una energía. ¿Qué es lo que está pasando? Estamos ante un nuevo caso de Física Cuántica en la vida cotidiana. Ya lo hemos dicho antes: aunque existe una impresión generalizada (fomentada incluso por algunos colegas) de que la Física Cuántica sólo tiene que ver con el mundo microscópico, en realidad se manifiesta a escala humana. Sólo hay que saber mirar.

Cuando aprieto el dedo contra la mesa los electrones de mi dedo se acercan a los electrones de la mesa. Resulta que para los electrones vale el siguiente principio de exclusión de Pauli: dos electrones no pueden estar en el mismo estado cuántico. El estado cuántico está compuesto de una variedad de parámetros: la energía, el momento lineal, y también el lugar. Cuando trato de poner los electrones de mi dedo *en el mismo lugar* que los de la mesa, algunos electrones tienen que pasar a otros niveles de energía, para no compartir el mismo estado cuántico que los que están tratando de ocupar el mismo lugar. Este aumento de energía es lo que siento en el dedo cuando hago fuerza: *estoy sintiendo en carne propia el principio de exclusión de Pauli*.

¿De dónde sale este principio de exclusión? Parece algo tirado de los pelos. ¿Por qué los electrones deberían cumplir esta especie de distanciamiento covid-19 cuántico? Cuando Pauli lo propuso a principios del siglo XX era una explicación fenomenológica de la estabilidad de los átomos de Bohr y otros fenómenos cuánticos que se estaban empezando a explorar experimentalmente. Hoy en día lo entendemos de una manera distinta: la función de onda de los electrones tiene una propiedad de simetría matemática especial, tiene que ser *antisimétrica*. Esto vale no sólo para los electrones, sino para todas las partículas de materia, llamadas fermiones.

El lector atento dirá: *"Si el principio de exclusión parecía tirado de los pelos, ¿no estamos barriendo los pelos debajo de la alfombra? ¿De dónde sale esta dichosa antisimetría de la función de onda, eh?"* Es una observación perfectamente válida. ¿Por qué no tener una función de onda *simétrica*, en lugar de antisimétrica? Y la respuesta es ¿por qué no? Una función de onda simétrica es posible. En el mundo cuántico existen los dos tipos. Para algunas partículas (los fermiones) la función de onda es antisimétrica, obedecen el principio de exclusión y por lo tanto son las que constituyen la materia, proverbialmente impenetrable. Y existen otras partículas (llamadas bosones) cuya función de onda es simétrica, no obedecen el principio de exclusión y pueden estar todas en el mismo sitio, como si fuera una fiesta clandestina covid cuántica. Los bosones por supuesto no pueden constituir la materia, así que se encargan de las interacciones, las fuerzas. El fotón es un bosón, por ejemplo, que se encarga de la interacción electromagnética, la favorita de los astrónomos.[10]

Ahora bien, para activar esta exclusión electrónica entre mi dedo y la mesa tengo que hacerlo voluntariamente, apoyando y apretando el dedo en la mesa. ¿Podría ocurrir naturalmente? Claro que sí: la mesa está apoyada en el piso, sobre el que presiona por acción de la gravedad, y la repulsión electrónica que provee el principio de exclusión la mantiene parada sin hundirse. Aún así, es un fenómeno localizado; solamente ocurre donde el dedo hace contacto con la mesa, o las patas de la mesa sobre las baldosas. ¿Podría acaso ocurrir de manera volumétrica, en todo un pedazo de materia? La gravedad es de nuevo la respuesta: una cantidad de materia suficientemente grande, bajo la acción de su propio peso, podría comprimirse toda ella de tal modo que todos sus electrones sintieran la presencia de los demás, formando un estado de la materia muy distinto del cotidiano, llamado "degenerado".

---

[10] Vale la pena comentar que también son bosones ciertos estados compuestos de fermiones, llamados "pares de Cooper", que son responsables de la superconductividad que hace funcionar la máquina de resonancia magnética nuclear con la que exploramos los órganos internos sin cortar al paciente. Y también decir que la parte espacial de la función de onda electrónica *puede* ser simétrica, en cuyo caso la parte del spin tiene que ser antisimétrica, para que el total sea antisimétrico. Funciones espaciales simétricas juegan un papel importante en las uniones químicas que forman las moléculas.

Claramente, esto no es lo que ocurre con la Tierra. Se necesita más materia. ¿Júpiter alcanza? No, mucha más. Pero si uno pone más materia, se enciende una estrella, y la radiación producida por las reacciones nucleares la mantiene inflada, contrarrestando la tendencia gravitatoria a comprimirla. Pero cuando se apagan las reacciones nucleares al acabarse el combustible, al final de la vida de la estrella, se reinicia la contracción y sólo la detiene la degeneración de los electrones. Esto es efectivamente lo que ocurre con la inmensa mayoría de las estrellas del universo, y es lo que pasará con el Sol en un futuro lejano. El resultado es un rescoldo muy caliente llamado *enana blanca*. Claro que si la estrella es demasiado pesada su destino es otro: explota como supernova de tipo II. Pero aún así, la mayor parte de las veces lo que queda es una estrella de neutrones, que es como una enana blanca pero sostenida por la degeneración de los neutrones, que también son fermiones. Sólo las más pesadas de todas logran vencer a Pauli por completo y formar un agujero negro (que no es materia, sino pura geometría).

Los astrónomos y los físicos construyeron y aceptaron estos conceptos muy lentamente a lo largo del siglo XX. En 1910 se dieron cuenta de que la estrella 40 Eridani B, que podemos ver en la siguiente figura, era paradójica. Forma parte de un sistema triple (que vemos en la foto). Por un lado, el movimiento propio aseguraba que las tres estrellas eran parte de un mismo sistema físico, así que las tres están a la misma distancia de nosotros. Por otro lado, el espectro de 40 Eri B (tal como sugiere su color, recordemos la Ley de Planck) es el de una estrella de tipo A, más caliente que las K, el tipo de la componente A. Normalmente, las estrellas A son más luminosas que las K. Si fuera una estrella tipo A normal, 40 Eri B debería verse mucho más brillante que 40 Eri A. Sin embargo es 5 magnitudes más tenue. La luminosidad calculada resulta apenas el 1% de la del Sol. ¿Cómo puede ser blanca una estrella tan enana? Bueno, para empezar, la pregunta sugiere un nombre: enana blanca. 40 Eridani B fue la primera enana blanca identificada como tal. Ahora bien, tener un nombre no nos dice qué es. ¿Qué es una enana blanca? Los astrónomos tardaron 16 años en explicarlo. El influyente astrónomo de Princeton Henry Russell cuenta que, cuando discutió esta estrella inusual con sus colegas Edward Pickering y Williamina Fleming, descubrieron que debería tener una densidad excepcional. Pickering le dijo que no se preocupara, que eran excepciones como la de 40 Eri B las que hacían progresar la ciencia. Así nació el estudio de las enanas blancas, expresión popularizada poco después por Arthur Eddington. Para 1939 se conocían 18, hacia 1950 un centenar, y hoy en día unas 10000. Aunque pesan como una estrella tienen el tamaño de la Tierra, y su densidad es un millón de veces mayor que la de la materia solar: una cucharadita de enana blanca pesa una tonelada.

Las enanas blancas se enfrían muy lentamente y van perdiendo el lustre, pasando por los colores usuales para cualquier asador dominguero: amarillo, naranja, rojo, rojo oscuro, negro. Eso si están solitas. Si tienen una compañera que les entregue materia extra, pueden revivir fugazmente como novas clásicas o supernovas de tipo Ia.

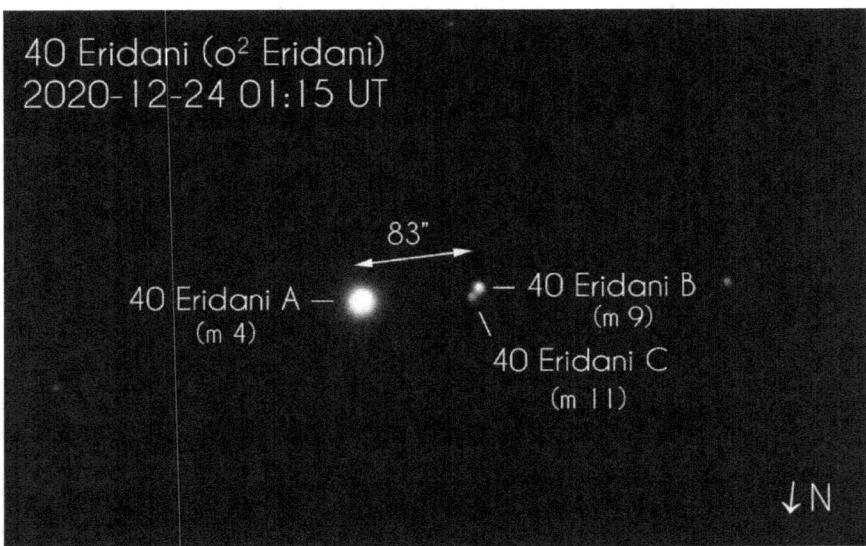

40 Eridani es un sistema triple precioso de observar porque el amarillo de la componente principal, cuyo nombre propio es Keid, contrasta con el blanco azulado de la enana blanca y con el rojo de la componente C, mucho más tenue. Las dos estrellas menores están relativamente cercanas entre sí (período 230 años, como si fueran Plutón y el Sol), pero orbitan bastante lejos de Keid, una vez cada 8000 años. En *Star Trek* el planeta Vulcano, del Sr. Spock, orbita Keid, que es una estrella amarilla, un poco más chica, menos caliente, y la mitad de luminosa que el Sol. ¡Y tiene al menos un planeta! Designado 40 Eridani Ab, o Keid b, es una supertierra. No

sabemos mucho de este tipo de planetas, con tamaño y masa entre la Tierra y Neptuno, porque en nuestro sistema solar no hay ninguno. En todo caso, es muy difícil que sea como Vulcano, ya que está en una órbita muy apretada y tiene una insolación mucho mayor que la de la Tierra. Vulcano es caliente, pero no tanto (*"Hot as Vulcan"*, dice Bones en el episodio 1 de la segunda temporada). Pero, si hay un planeta, seguramente haya más, y quizás alguno sea rocoso y cálido, un verdadero Vulcano.

Vale la pena observarla. Eridanus, el río Erídano, es una constelación gigante y es fácil perderse en sus meandros, pero Keid está cerquita de la mucho más famosa y fácil de identificar Orión. Y 40 Eri B es definitivamente la enana blanca más fácil de observar para un aficionado. Imaginen, cuando la observen, que en el cielo de Vulcano, brilla no un sol sino tres, y que aunque Vulcano no tiene luna (capítulo 1 de la temporada 1), sus noches suelen estar iluminadas por una estrella rara, 15 veces más brillante que Venus, con una compañera roja con el brillo de la Estación Espacial Internacional.

El rayo verde

«¡Un verde que ningún artista podría obtener en su paleta, un verde que no podrían producir ni los variados tintes de la vegetación ni del más límpido mar! Si hay un verde en el Paraíso, no puede ser otro que éste, que es sin duda el verdadero verde esperanza.»

Así describe Julio Verne este raro fenómeno en *El rayo verde*, una novela romántica no muy interesante. Pero, ¿existe el rayo verde? El mito dice que existe, que es muy raro, y que produce una transformación espiritual en quienes lo observan. ¿Qué hay de cierto? Bueno, dos de tres son ciertas: el rayo verde existe, y es muy raro. La situación ideal es con un horizonte bien despejado por el oeste. Monte Hermoso, por ejemplo, es ideal. Esta playa tiene la inusual característica, entre las playas argentinas, de ofrecer el espectáculo de la puesta del Sol sobre el mar. Estando allí de vacaciones, varios días me quedé observando y fotografiando los hermosos atardeceres. En uno de ellos vi un resplandor verde brillante y purísimo justo antes de desaparecer el Sol. ¡Justo ese no lo fotografié! Pero las fotos de otro ocaso muestran también el fenómeno, si bien menos claramente. Como se ve en la secuencia, la última imagen del Sol sobre el horizonte se ve teñida de verde. La quinta foto, ya sin el Sol, muestra otro fenómeno raro: la parte más brillante del cielo no es donde acaba de desaparecer el Sol, sino un poco por encima de ésta. Se llama *afterglow*, y se debe a la dispersión de la luz del Sol que acaba de ocultarse en pequeñas partículas suspendidas en el aire a gran altura.

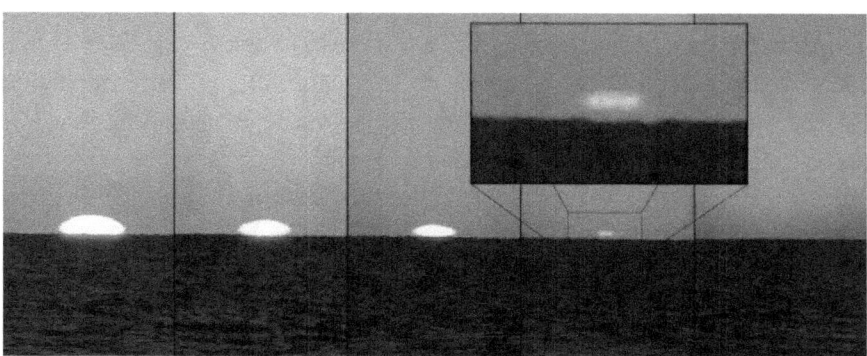

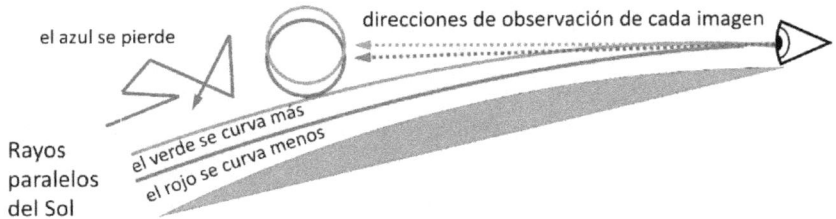

Qué raro esto de un rayo verde saliendo del Sol ¿no? Sí, es muy raro, pero es sencillo de entender, al menos conceptualmente. Es un fenómeno de dispersión de la luz blanca del Sol por efecto de su refracción en la atmósfera. Aunque el índice de refracción del aire es casi igual al del vacío, la pequeña diferencia alcanza a separar los colores. Los rayos del sol se curvan ligeramente siguiendo la curvatura de la Tierra porque las capas inferiores de la atmósfera son más densas que las superiores. El rojo se curva menos, el amarillo un poco más, el verde más, etc. Cuando llegan al ojo, la imagen del Sol en luz roja está un poquito debajo de la imagen en luz verde.

¿Por qué verde, y no azul o violeta? ¡La parte más alta del Sol debería verse azul o violeta! Lo que pasa es que la luz del Sol, al atravesar la atmósfera, pierde casi toda su luz de longitud de onda corta. El fenómeno, llamado *dispersión de Rayleigh*, es responsable de que el cielo se vea azul, ya que la luz dispersada parece venir de todas direcciones en lugar de venir directamente del Sol. Sin embargo, excepcionalmente, se han visto rayos azules en el Sol poniente.

La refracción, entonces, explica que el *borde superior* se vea más verde y el *borde inferior* se vea más rojo. Pero es un borde muy finito, imposible de ver a simple vista. Para poder ver el rayo verde es necesario un *espejismo* (similar al espejismo común en la ruta). Esto produce un estiramiento vertical del borde verde, y lo vemos como un destello verde en la cúspide del Sol poniente. Como se ve en las fotos, más que "rayo" es un "destello". El nombre en inglés del fenómeno es *green flash*, pero el término *rayon vert* de Verne se popularizó y está establecido en nuestra lengua; hay también una película de Eric Rohmer con el mismo nombre. En mi foto se puede ver que las olas parecen exageradamente puntiagudas en el horizonte. Esto también es un estiramiento vertical producido por el espejismo, y suele ser una buena indicación de que se podrá ver un rayo verde.

¿Por qué sólo al atardecer? ¿No debería también verse al amanecer? Sí, claro. Dicen que es más difícil porque hay que estar mirando justo al lugar donde va a salir el Sol, lo cual es menos fácil de hacer que mirar el Sol a medida que se pone. No sé. En verano, encima, el Sol sale demasiado temprano...

¿Y por qué sólo el Sol y no la Luna? Por supuesto, también pueden verse rayos verdes junto a la Luna. Además, como la Luna es menos brillante es más fácil de fotografiar. Y se puede ver el fenómeno completo de separación de colores, los *bordes*: un borde superior verde, y un borde inferior rojo. El borde irregular de la Luna por arriba y por abajo, que suele verse cuando la Luna está apenas sobre el horizonte, es precisamente el efecto del espejismo (cuando es muy marcado se suele llamar "florero etrusco").

La bibliografía sobre el rayo verde es enorme y abarca más de un siglo. La cantidad de explicaciones es variadísima y no todas son correctas. La explicación que di más arriba (refracción más espejismo) es esencialmente correcta. Pero hay algunos detalles adicionales que preferí no mencionar (como ciertos efectos psico-fisiológicos), y cuya importancia no está del todo clara. El sitio web de Óptica atmosférica de Les Cowley es una buena referencia (www.atoptics.co.uk).

Ninguna de mis fotos me deja del todo satisfecho. Así que, como los protagonistas de la novela de Verne, continuaré la búsqueda de un *buen* rayo verde.

Las puertas de la percepción

Jim Morrison le puso el nombre a su grupo de rock, *The Doors*, por un libro de Aldous Huxley llamado *Las puertas de la percepción*, en el que cuenta sus experiencias con la mescalina, un agente psicodélico. El título, a su vez, remite a este fragmento de un poema de William Blake:

«*Si las puertas de la percepción estuvieran abiertas, veríamos las cosas tal cual son.*»

Esta interesante observación (sacada de su contexto romántico, que no viene al caso) se aplica a muchos órdenes de nuestra comprensión actual de la naturaleza, entre ellos el de la astronomía. Durante miles de años el universo, el cosmos, el mundo de los objetos astronómicos, se limitaba a lo que los ojos humanos percibían. Hoy sabemos que hay mucho más. Hay *un universo que no vemos*. Casi puede decirse, ya que venimos citando clásicos, que *lo esencial es invisible a los ojos*, como dice Antoine de Saint-Exupéry en *El Principito*. A diferencia de Huxley, no necesitamos de alucinógenos para apreciarlo.

Este universo está oculto de dos modos. Por un lado hay una parte oculta en lo que vemos, y por otro lado está lo que directamente queda fuera del alcance de nuestro sentido de la vista. Y como somos primates, animales visuales, tenemos que hacerlo visible para apreciarlo. Ver para creer.

Hay un sentido trivial según el cual una parte del universo visible está oculta. Como es algo muy sencillo lo despacharemos rápidamente. La existencia de esta parte que no vemos obedece a que —bueno, la mayoría— de los objetos astronómicos están muy lejos. Inclusive la naturaleza de la Luna, que es el objeto astronómico más cercano, fue un misterio hasta que hace 400 años Galileo dirigió su telescopio hacia ella y descubrió que la Luna era un mundo como la Tierra.

Además los objetos astronómicos son muy tenues. Y nuestra visión, que funciona tan maravillosamente durante el día, de noche deja bastante que desear. Nuestros ojos no pueden apreciar colores si la luz es de baja intensidad. Y tampoco pueden acumular la luz que reciben para mejorar la percepción de los objetos tenues. En fotos de larga exposición se manifiestan cosas que no vemos a simple vista. La Vía Láctea es un buen ejemplo. Esa banda difusa y tenue que cruza el cielo nocturno, invisible desde las grandes ciudades, pero que casi todos hemos visto durante algún campamento o vacaciones. Vale la pena sacarle una foto de larga exposición y nos sorprenderá con una estructura increíblemente compleja, filamentos oscuros que la cruzan e inclusive colores que a simple vista no podemos ver. Uno o 2 minutos bastarán, pero inclusive 15 segundos revelarán algo. ¡Sin flash y con la cámara en un trípode, claro está!

Estos son los dos casos triviales que mencioné. Si bien tienen su interés, vamos a pasar a los más interesantes: lo que está oculto en la luz que vemos, y lo que directamente no vemos. Pero antes vale la pena detenernos un momento en la naturaleza de la luz.

El espectro electromagnético

Rayos gamma, rayos X, rayos ultravioleta, radiación infrarroja, microondas, ondas de radio. En el mundo de hoy hasta el menos familiar de estos fenómenos tiene aplicaciones cotidianas, de manera que apenas necesitan presentación. Estos seis, más la luz, son los nombres propios de las *ondas electromagnéticas*. Pero ojito, que a pesar de que tienen *nombres* distintos —por razones históricas, más que otra cosa— no son fenómenos físicos distintos. *Son luz*, sólo que de otros "colores".

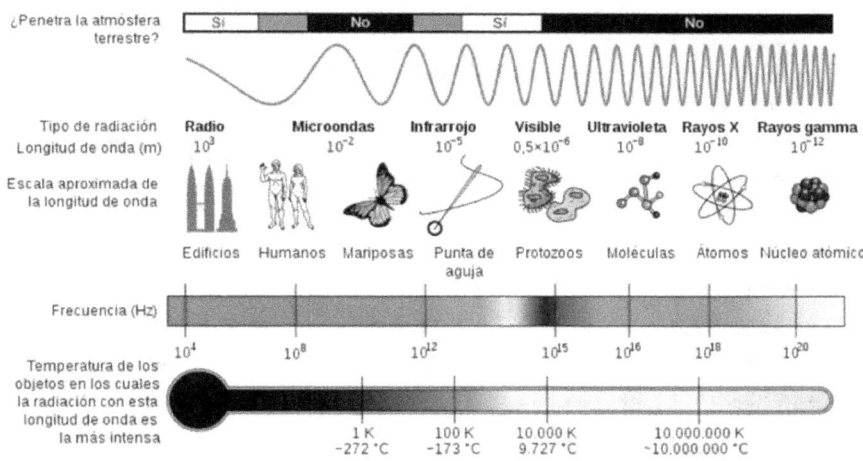

Que la luz es radiación electromagnética es algo que la Física acabó por comprender hace bastante tiempo, a fines del siglo XIX. En el campo electromagnético que llena todo el universo las perturbaciones se propagan como ondas, un poco como la perturbación que se produce al tirar una piedra a un estanque, que se propaga como una onda en la superficie del agua. Lo que percibimos como luz son las ondas electromagnéticas de determinada longitud de onda, en un rango más bien estrecho entre todas las posibles. Los colores (los del arco iris) corresponden a distintas longitudes de onda, es decir distintas distancias entre crestas de ondas sucesivas.

Pero el espectro de la radiación electromagnética es prácticamente infinito, y hay ondas de todas las longitudes formando un continuo. Las otras seis radiaciones que enumeré arriba tienen longitudes de onda más cortas o más largas que las que podemos ver con nuestros ojos. Por conveniencia, por razones históricas, instrumentales y de la forma en que interactúan con la materia, se las clasifica en esas siete clases. Desde las más cortas hasta las más largas son: los rayos gamma, los rayos X, la radiación ultravioleta, la luz visible, la radiación infrarroja, las microondas y las ondas de radio. Pero hay que recordar que todas estas ondas electromagnéticas son lo mismo. Son luz, ni más ni menos, no hay diferencias cualitativas. De manera que las regiones fronterizas son borrosas y graduales. Los colores de la luz visible también son continuos. Hay infinitos colores que cambian gradualmente de uno a otro. Pero nuestro cerebro categoriza la percepción de los colores agrupándolos en los siete que tienen nombres propios.

Hay muchísima información en los colores de la luz. Esta información revela un universo en principio oculto por la mezcla de colores que normalmente percibimos. Y hay también mucho más universo oculto en el resto del espectro electromagnético, que simplemente no vemos. Hay que deconstruir esa mezcla.

El instrumento favorito del astrónomo es el telescopio, todo el mundo lo sabe. Y el segundo favorito es el espectroscopio. ¿Qué es un espectroscopio? ¡Un aparato para visualizar espectros! A no asustarse: un espectro no es un fantasma. Es un arcoíris.

Los colores nos llegan de su fuente de luz todos superpuestos y mezclados. Percibimos como luz blanca la mezcla que recibimos del Sol. Como sabe cualquiera que haya jugado con un prisma, la luz blanca está formada por una mezcla de colores. Algunos fenómenos naturales, como el arcoíris, separan los colores. Cada color corresponde a una *longitud de onda*, como dijimos. Esto se vuelve cada vez más complicado, pero el que no se asustó con los espectros puede seguir adelante, ya que lo que sigue es muy entretenido.

El *espectroscopio*[11] es un instrumento de laboratorio que sirve para analizar estos arcoíris, estos *espectros* de luz. Fue inventado hace 200 años por un óptico genial, autodidacta, constructor de los mejores telescopios de su época: Joseph Fraunhofer. Hoy en día existen espectroscopios que funcionan en casi todas las longitudes de onda del espectro electromagnético, por supuesto. Es un instrumento enormemente versátil.

Gracias al espectroscopio los astrónomos saben de qué están hechas las estrellas, a qué temperatura se encuentran, a qué velocidad se mueven, si tienen campos magnéticos o si tienen planetas a su alrededor. Los espectroscopios a bordo de los robots espaciales han develado la composición del suelo y del aire de los mundos de nuestro sistema solar, y algún día nos permitirán saber si algún planeta lejano, en órbita alrededor de otra estrella, alberga vida alienígena. ¿Cómo es posible saber todo esto *de lejos*, sin analizar muestras en el laboratorio? Bueno, distintos fenómenos físicos producen radiaciones tanto de distintas longitudes de onda como de distintas intensidades. Y ahí es donde entra el espectroscopio: si queremos analizar y comprender esos fenómenos, necesitamos separar los colores para analizarlos individualmente.

Al observar distintas fuentes de luz a través del espectroscopio se descubre inmediatamente que existen tres tipos de espectros, que dependen de la fuente de la luz (ver la figura de la próxima página). Hay unos espectros *continuos*, formados por todos los colores que nos son familiares (los vemos en la luz producida por una lámpara incandescente, por ejemplo). Hay otros espectros llamados *de emisión*, formados por líneas de colores, con anchas franjas de colores faltantes (es el caso de la luz de tubos fluorescentes y lámparas de bajo consumo). Finalmente, hay *espectros de absorción*, en los que faltan líneas de colores específicos, como si fuera un código de barras superpuesto a un espectro continuo. Así son el espectro del Sol y los de las estrellas.

---

[11] O *espectrógrafo*, o inclusive *espectrómetro*, dependiendo de sutilezas de diseño y uso.

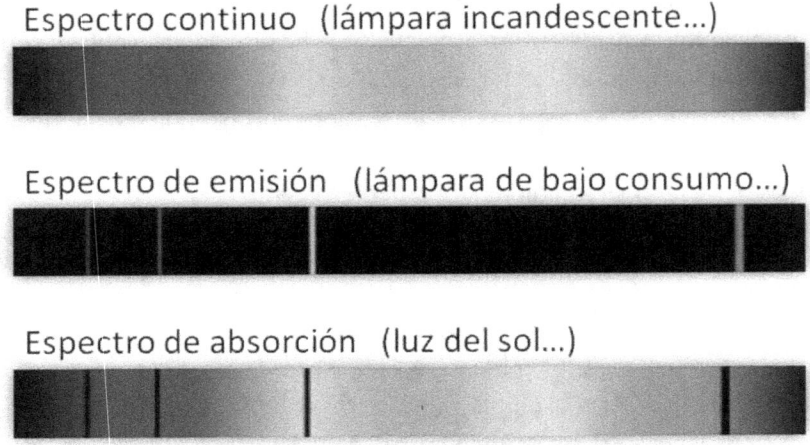

Esas líneas, brillantes u oscuras, contienen la clave para la utilidad del espectroscopio en astronomía y en otras áreas de la ciencia, como descubrieron Gustav Kirchhoff y Robert Bunsen a mediados del siglo XIX.[12] Resulta que el patrón de líneas depende de la *composición química* de la fuente de luz. Cada elemento químico y cada substancia, emiten luz en un conjunto determinado de colores, o sea de longitudes de onda. En una fuente compuesta, naturalmente, se observarán todos estos patrones superpuestos. Pero una observación cuidadosa permite hacer un análisis químico cualitativo y cuantitativo (por la intensidad de los colores) *a distancia*.

Como puede imaginarse, es una situación ideal para la astronomía, que no puede tomar muestras de las estrellas para analizarlas en tubos de ensayo en el laboratorio. Esta feliz circunstancia vino a contradecir la opinión vertida poco antes por Augusto Compte, nada menos que el fundador del positivismo, quien había expresado que *"tratándose de las estrellas, jamás por ningún medio podremos estudiar sus composiciones químicas"*. Ignorando olímpicamente a Compte los astrónomos se volcaron al análisis espectral sin vacilar, primero clasificando y luego analizando las estrellas. Si bien durante décadas se ignoró la causa de estas líneas espectrales (que

---

[12] Ambos son conocidos de las clases de ciencia de la escuela secundaria. Bunsen es el inventor del mechero de gas que usamos en el laboratorio, y Kirchoff es recordado por las leyes de los circuitos eléctricos.

Espectro del hidrógeno

Espectro del mercurio

Espectro del hierro

se deben a transiciones entre los estados cuánticos posibles de los átomos y moléculas al interactuar con el campo electromagnético), los tipos espectrales fueron los primeros pasos hacia una teoría de la evolución estelar, que se desarrolló a lo largo de buena parte del siglo XX. Hoy en día es extraordinario lo que saben los astrónomos sobre las estrellas: de qué están hechas, cómo se forman, cómo brillan, cómo se mueven, cuánto tiempo viven y cómo mueren. Sobre todo considerando que sólo se las puede observar de lejos. Y buena parte de esto está oculto en la luz, y se devela a través del espectroscopio.

Es interesante notar que este romance entre la astronomía y el espectroscopio surgió al tiempo que en el arte europeo había una verdadera manía por analizar los colores, por "deconstruir" la luz. Seurat y los puntillistas, por ejemplo, estaban experimentando con la representación de imágenes coloridas a través de puntos de colores puros, en un caso extremo de una tendencia que muchos pintores impresionistas ya habían puesto en práctica. Hoy nos resulta natural esto: son los pixeles, los puntitos de colores primarios que componen prácticamente todas las imágenes de nuestra civilización electrónica.

El análisis de los espectros de emisión y de absorción no sólo ha revelado la naturaleza química de las estrellas, sino la de todos los cuerpos astronómicos: los vientos estelares, las nebulosas de gas en el medio interestelar, los planetas, asteroides y cometas, etc. Así sabemos que existen incluso substancias complejas, hasta orgánicas, por doquier. Anhídrido carbónico, agua, amoníaco, pero también formol, etanol y aminoácidos existen en las colas de los cometas y en las nebulosas de las que se forman los sistemas planetarios. Los robots que han viajado a los planetas, y los que están en órbita de la Tierra, permiten inclusive practicar una mineralogía a distancia (¡sin usar el pico del geólogo!), relevando mapas geológicos invisibles a simple vista. La presencia de minerales hidratados en Marte, o los volcanes de azufre de Ío, el satélite de Júpiter, fueron descubiertos de esta manera.

Es increíblemente fácil hacer un espectroscopio casero para ver cómo funciona e imaginar su enorme potencial como instrumento científico. En general la separación de colores en un espectroscopio se logra no con un prisma sino con una *red de difracción* (también inventada por Fraunhofer). Una red de difracción es un vidrio o plástico con muchísimas rayitas grabadas, miles de líneas por milímetro. Al pasar luz por las rayitas se produce su *difracción*, un fenómeno por el cual una parte de la luz pasa derecho, y una parte se desvía para un lado. El ángulo que se desvía la luz depende del color: el azul se desvía poquito, el verde un poco más, el rojo más todavía. Así que al pasar luz blanca se descompone en los colores que la forman. ¿De dónde sacamos una red de difracción para hacer un espectroscopio casero?

De un CD. En un CD la información está grabada en un surco espiralado muy apretado, en el que cada vuelta pasa a apenas un micrón de la siguiente. Por eso el lado brillante de un CD se ve con los colores del arco iris: funciona como una red de difracción. Podemos usarlo así, directamente, como una red de reflexión. O podemos "depilarle" la etiqueta de aluminio con ayuda de una cinta adhesiva, y usar el plástico (que conserva las rayitas marcadas) como una red de transmisión. Es muy sencillo. En el Instituto Balseiro hemos hecho un video mostrando cómo hacerlo y cómo usarlo, y más vale verlo que contarlo. (youtu.be/5lQVedue5OQ).

La utilidad del espectroscopio no se agota en la química. Existe un fenómeno familiar a todo el mundo que permite extraer todavía más información oculta en un espectro. Nos referimos al efecto Doppler, el fenómeno según el cual, por ejemplo, la sirena de una ambulancia se escucha en un tono más alto cuando ésta se acerca que cuando se aleja. El mismo fenómeno existe en las ondas electromagnéticas, y del cambio de color (equivalente al cambio de tono del sonido) se puede calcular matemáticamente la velocidad del objeto emisor. Entonces, identificando las líneas correspondientes a determinado elemento químico, y midiendo cuán corridas hacia el rojo o el violeta (respecto de una medición en el laboratorio, con el mismo elemento quieto) podemos calcular la velocidad de una estrella, un planeta, una ráfaga de viento estelar o una galaxia lejana.

Durante mucho tiempo la principal aplicación de este método residió en el estudio de estrellas binarias: pares de estrellas que se orbitan mutuamente. Al moverse una alrededor de la otra resulta, visto desde la Tierra, un bamboleo hacia atrás y adelante, del cual puede extraerse mediante el espectroscopio importante información sobre las órbitas y velocidades. A su vez, de esta información, las leyes de la gravitación permiten deducir las masas de las estrellas. ¿Qué tal? Química y física a distancia.

Desde mediados de los años 1990, además, la sofisticación de estas mediciones espectroscópicas ha permitido detectar *planetas* orbitando otras estrellas. ¡Planetas, sistemas solares alrededor de otras estrellas! Siempre sospechamos que estaban allí. Ahora conocemos más de 5000 de estos lejanos mundos. Parece que la mayoría de las estrellas tiene planetas a su alrededor. Algunos de estos mundos son rarísimos, sin parangón en nuestro sistema solar. Considérese el planeta HD189733b, un gigante gaseoso similar a Júpiter en masa y tamaño, pero que orbita su estrella a una décima parte de la distancia que separa a nuestro Mercurio del Sol. Girando como loco, el año de este bizarro planeta dura apenas... ¡dos *días*! Increíble como pueda parecer, el análisis espectral de su superficie, que ha permitido hacer un mapa de su temperatura, muestra la presencia de agua y de metano.

Algún día no muy lejano delicadísimos espectroscopios podrán revelar la composición atmosférica de planetas rocosos, similares a la Tierra, orbitando estrellas lejanas. ¿Encontraremos alguna con señales positivas de vida extraterrestre, un sistema bien fuera del equilibrio termodinámico, por ejemplo con abundante oxígeno libre? Yo creo que sí.

El universo invisible

¿Y el universo realmente invisible? Más allá del violeta, más acá del rojo, existen infinitos "colores" *sui generis*, que no podemos ver con nuestros ojos pero que nuestros instrumentos pueden detectar.

La primera de estas luces invisibles en ser descubierta fue la radiación infrarroja. William Herschel, el músico de profesión y astrónomo por vocación que ya hemos mencionado, la descubrió hace algo más de 200 años, haciendo un sencillo experimento muy fácil de repetir. Con un prisma descompuso la luz del Sol y le tomó la temperatura a cada color. Descubrió que la máxima temperatura se alcanzaba con el termómetro puesto más allá del rojo, en una región donde aparentemente no había luz alguna. La "luz" infrarroja tiene una longitud de onda más larga que la del rojo.

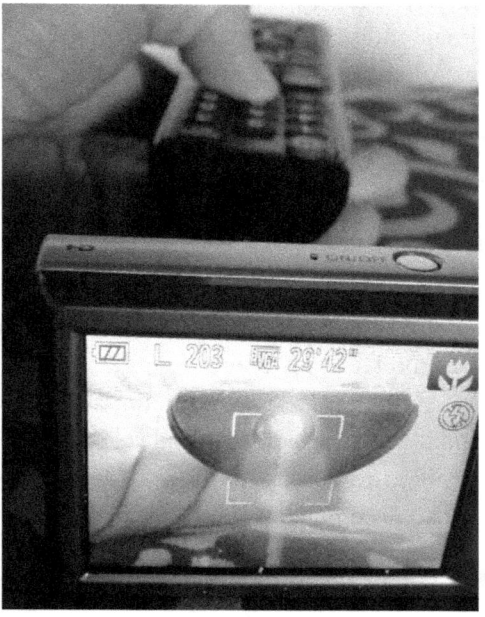

Hoy en día es más fácil todavía "ver" la radiación infrarroja. Resulta que los controles remotos de televisores y otros aparatos tienen una lamparita al frente. Cuando apretamos un botón esta lamparita se enciende, pero no lo vemos. Es un led infrarrojo. Y resulta también que las cámaras fotográficas modernas, o las de los teléfonos celulares, registran sus imágenes con un dispositivo electrónico que es sensible al infrarrojo. Así que mirando la lamparita del control remoto a través de la cámara podemos ver cómo se enciende al apretar los botones.[13]

Inclusive podemos iluminarnos con esta lucecita infrarroja y sacarnos una foto en una habitación completamente a oscuras. Hay que apoyar la cámara y hacer una exposición de al menos 15 segundos. ¡Hay que quedarse bien quieto! El color que nos muestra la cámara, por supuesto, es arbitrario. El sensor convierte los fotones infrarrojos en una señal electrónica, que la cámara traduce en una imagen visible.

La radiación infrarroja que nos llega del cielo revela parte del universo invisible. Resulta que la Galaxia está llena de polvo, y que el polvo es opaco a la luz visible. Pero es casi transparente al infrarrojo. En los días de invierno en el hemisferio austral el centro de la Vía Láctea está sobre nuestras cabezas en las primeras horas de la noche. Es una visión sobrecogedora en luz visible, si bien el polvo oculta lo que hay detrás. En luz infrarroja, en cambio, *se ve a través del polvo*. La diferencia es impresionante, como se puede ver en la comparación de la página siguiente. La imagen de abajo es en luz visible. Las zonas oscuras no están vacías de estrellas, sino que son la silueta de enormes nubes oscuras y frías (bien fríiiias). La del panel de arriba es en infrarrojo (tomada para el *survey* 2MASS). Ambas imágenes muestran la misma región del cielo, de unos 10° de ancho (un puño, con el brazo extendido). El centro de la Galaxia está, en ambas imágenes, un poco arriba del centro.

De manera similar, usando sensores especiales, podemos detectar radiación electromagnética de todas las longitudes de onda, desde los rayos gamma hasta las ondas de radio, que llegan de todas partes del universo. La atmósfera de la Tierra, sin embargo, no es igualmente transparente a todas estas radiaciones. Todas las longitudes de onda más cortas que la luz visible, desde el ultravioleta (en su mayor parte) hasta los gamma más "duros" no pueden atravesar nuestra atmósfera (¡afortunadamente, ya que son las más dañinas para los seres vivos!). Y lo mismo ocurre, de forma desigual, con el infrarrojo y las microondas. De manera que la astronomía

---

[13] *Obviamente* la foto que mostramos del control remoto está retocada, ya que no es posible *evitar* que salga la lucecita en una foto. Así que para producir la ilusión de lo que se ve cuando se hace la experiencia usé dos cámaras y retoqué la imagen directa, dejando la que se ve a través de la cámara de adelante.

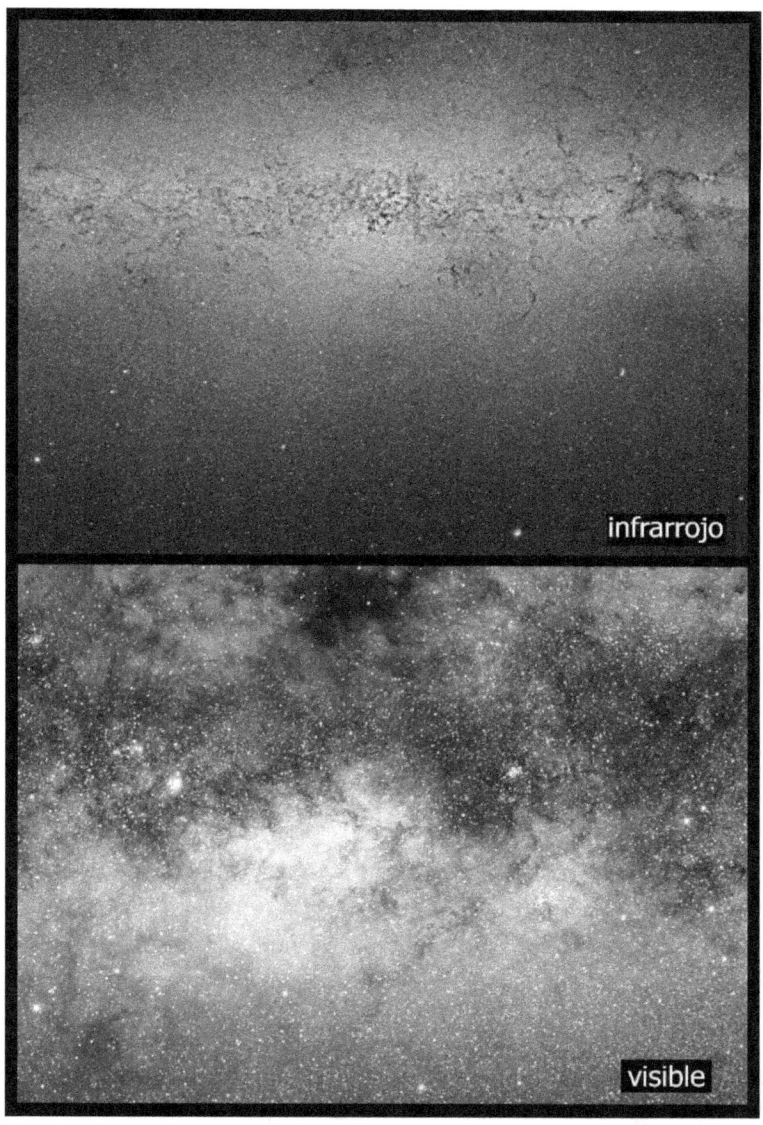

de estas radiaciones empezó a cobrar ímpetu recién en la "era espacial" (antes se habían usado globos, o los astrónomos subían a las montañas con sus aparatos a cuesta, ¡qué épocas!). Ya ha habido más de un centenar de observatorios astronómicos en órbita, de los cuales, ciertamente, el Telescopio Espacial Hubble es de lejos el más famoso. Hay que decir que un ojo no entrenado no notaría diferencias entre un telescopio que usa luz visible y uno infrarrojo o ultravioleta. Los telescopios para longitudes de onda más lejanas del espectro visible, sin embargo, son bien distintos de la imagen usual del "telescopio". Los radiotelescopios, tal vez un poco más familiares (¿acaso porque se los ha visto en el cine?), son grandes antenas de radio similares a las de telecomunicaciones.

Es cierto que los resultados de estas mediciones podrían ser analizados de manera abstracta y numérica, y de hecho esto se hace. Pero también es cierto que somos animales visuales, y que una imagen puede ser fundamental en el análisis de un fenómeno, además de actuar como una poderosa inspiración tanto para científicos como para el público en general. Los astrónomos recurren para esto al uso de *colores representativos*. A ver cómo es esto.

Estamos familiarizados con la técnica que consiste en componer una imagen a todo color combinando imágenes tomadas a través de filtros de colores primarios (rojo, verde y azul, usualmente). Así funcionan la televisión, el monitor de la computadora, las cámaras digitales, la impresión tanto offset como casera, y nuestros propios ojos. ¿Cómo hacer para componer una imagen, digamos, infrarroja de la nebulosa de Orión? Es muy sencillo: se toman fotografías a través de tres filtros que permitan pasar porciones estrechas del espectro infrarrojo. Cada una de estas porciones se puede interpretar como un "color". Entonces, arbitrariamente, se les asignan los colores rojo, verde y azul y se compone una imagen visible. Es usual, por supuesto, mantener cierta coherencia en la asignación de colores: el infrarrojo de longitud de onda más larga se asignará al rojo, el de onda más corta al azul, y el intermedio al verde. Pero esto no es obligatorio y con frecuencia se hace de otras maneras.

Esta técnica de colores representativos revela visualmente un universo riquísimo, mucho más rico que el que vemos a simple vista o en fotografías telescópicas con luz visible. Como ya dijimos, la distinción entre la luz visible y el resto de las radiaciones electromagnéticas es una casualidad relacionada con nuestra evolución en la superficie de la Tierra. Todos los objetos astronómicos emiten radiación en todas las longitudes de onda e ignoran olímpicamente nuestras limitaciones sensoriales. De manera que las imágenes *multi-longitud de onda* nos muestran un poco mejor *el mundo tal cual es*, como si nuestros ojos fueran sensibles a todo el espectro electromagnético. Vale la pena recorrer algunos ejemplos.

La galaxia que vemos en la foto de aquí arriba, conocida como Centaurus A, brilla casi en el límite de la percepción a ojo desnudo en nuestros cielos australes, en la constelación del Centauro. A través de un telescopio mediano se la percibe como una manchita difusa cruzada por una franja oscura. No se distinguen estrellas individuales, por supuesto: está demasiado lejos para eso. La manchita difusa contiene la luz combinada de centenares de miles de millones de estrellas que no llegamos a discernir individualmente. En fotografías de unos pocos minutos se ve lo extraña que es: no es ni un simple elipsoide ni una espiral de brazos brillantes, como la inmensa mayoría de las galaxias. Esa franja central oscura tiene un aspecto de herida abierta que hace sospechar un pasado (o un presente) tumultuoso. Es todo lo que se ve en luz visible. Las imágenes en multi-longitud de onda, como la que vemos en la próxima página, apuntan a la solución del misterio: tanto en radio (Centaurus A es una de las fuentes de radio más intensas del cielo) como en rayos X se manifiestan dos enormes chorros saliendo del centro mismo de la galaxia. Algo poderoso se oculta en el centro de Centaurus A. Los astrónomos lo han observado con todo detalle, y han concluido que se trata de un gigantesco agujero negro, de muchos *millones* de masas estelares. Su interacción con el material a su alrededor es la única explicación conocida para el tipo de radiación que emana de él.

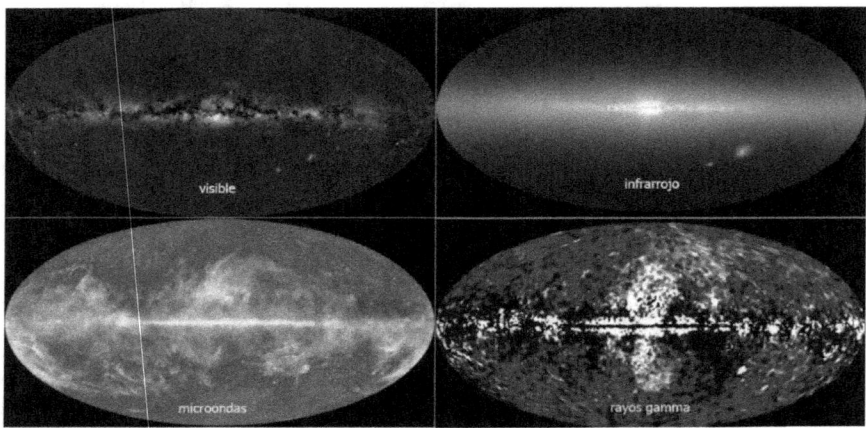

Pasemos a nuestra propia galaxia, la Vía Láctea. Estas cuatro imágenes panorámicas muestran el cielo entero, proyectado de manera que el plano de la Vía Láctea ocupa la franja central horizontal. Aquí sí vemos las estrellas individuales, naturalmente. De hecho, la banda difusa de la Vía Láctea que vemos a simple vista se manifiesta como lo que es: muchísimas estrellas, formando nubes y cúmulos, cruzada por turbulentos filamentos de gas y polvo frío y oscuro, y manchas de colores. El centro mismo de la galaxia (en el centro del mapa) está oculto a nuestra vista en luz visible, por encontrarse detrás de densas nubes de polvo desde nuestra perspectiva. Pero ¡ah, el polvo es casi transparente a la luz infrarroja! De manera que en imágenes infrarrojas vemos claramente la densa nube de estrellas en el centro, formando un pequeño bulbo extrañamente rectangular. En otras longitudes de onda, como las microondas, vemos enormes estructuras filamentosas, que recorren la vastedad de gas del medio interestelar mucho más allá del fino disco que ocupan las estrellas. ¿Acaso hay también algo extraño en el centro de nuestra galaxia, como en el de Centaurus A? Los astrónomos lo han estudiado con mucho cuidado. Inclusive, como muestra la imagen panorámica de abajo a la derecha, correspondiente a un mapa de rayos gamma de todo el cielo, se ven dos enormes lóbulos adyacentes al disco de la Vía Láctea, saliendo del centro de la galaxia. Miden 50 mil años luz de punta a punta: son la estructura más grande de la galaxia después de la galaxia misma, y hasta ahora ignorábamos su existencia.

Como decíamos, los astrónomos vienen estudiando el centro galáctico desde hace tiempo y en todas las longitudes de onda. Imágenes compuestas de infrarrojo y rayos X revelan que el centro galáctico es un lugar densamente poblado. Hay cúmulos estelares formados por decenas de miles de estrellas, y enormes estructuras de gas que delatan abundantes explosiones de supernova. Un cúmulo estelar particularmente grande se llama Sagittarius A, y sus estrellas orbitan apretadamente alrededor del centro mismo de la galaxia, denominado Sagittarius A* (se dice "a estrella"), que es una intensa fuente de radio invisible inclusive en el infrarrojo.

Por increíble que parezca, los telescopios del Observatorio Europeo Austral (el Very Large Telescope en cerro Paranal) y del telescopio Keck en Hawaii pueden observar individualmente estas estrellas (en el infrarrojo, naturalmente). A lo largo de décadas han seguido meticulosamente su movimiento orbital alrededor de Sagittarius A*. Y he aquí lo más sorprendente: a partir de esas órbitas la Física y la Matemática permiten calcular la masa de Sagittarius A*, que resulta ser de unos *cuatro millones de masas solares*. Toda esa materia ocupando un volumen mucho menor que el sistema solar. En el centro de nuestra galaxia también se esconde un gigantesco agujero negro. Parece que "está a dieta", ya que no es tan activo como el de Centaurus A, pero en ocasiones se han observado destellos intensos y breves, que muy probablemente corresponden a inyecciones de materia que súbitamente emite radiación al ser acelerada en su caída en espiral.

En 2022 el consorcio llamado Event Horizon Telescope, que combina observaciones hechas con múltiples radiotelescopios en todo el mundo, publicó la primera imagen directa (en longitud de onda de 1.3 mm,[14] microondas), de Sagitario A*. Por supuesto, la imagen no muestra el agujero negro propiamente dicho, sino el brillo de la materia supercaliente que tiene a su alrededor, cuya luz se enrosca de manera particular obedeciendo

---

[14] Vamos a usar el punto como separador de decimales. La *Ortografía de la lengua española*, de la RAE, señala que, "con el fin de promover un proceso tendente hacia la unificación, se recomienda el uso del punto como signo separador de los decimales".

a las leyes de la Relatividad General, y produciendo un aspecto de anillo brillante característico.

Lluvia de partículas

Además de la radiación que nos llega del cosmos, llueven también partículas de materia sobre la Tierra. Son diversas: rayos cósmicos, neutrinos... La astronomía de estas partículas se encuentra en sus inicios. Pero vale la pena mencionar que el observatorio de rayos cósmicos más grande del mundo se encuentra en nuestro país, en la provincia de Mendoza. Es el Observatorio Auger de Rayos Cósmicos de Ultra Alta Energía, ubicado en las afueras de Malargüe, y en el cual participan activamente nuestros colegas del Grupo de Partículas y Campos del Centro Atómico Bariloche. Entre sus primeros resultados se encuentra un mapa que correlaciona la dirección de llegada de los rayos cósmicos más energéticos con la posición de las galaxias activas en el cielo. Es probable que estén detectando partículas súper energéticas proviniendo directamente de los gigantescos agujeros negros que hay en sus centros. Pedacitos de materia destrozada y acelerada hasta velocidades inimaginables, y lanzados en nuestra dirección. Una de estas galaxias es, naturalmente, Centaurus A.

Eta de Carina

Alfa, beta, gamma, delta, épsilon, dseta, eta. Eta es la séptima letra del alfabeto griego. Es decir que, de acuerdo al sistema inventado por Johann Bayer en el siglo XVII para su catálogo *Uranometria*, Eta Carinae sería la séptima estrella más brillante de su constelación.

La cosa no es tan sencilla. En los siglos transcurridos los astrónomos rediseñaron algunas constelaciones: cambiaron de forma, desaparecieron, aparecieron nuevas... Y hay estrellas que, simplemente, cambiaron de brillo. A Eta Carinae le pasó todo esto. Durante siglos fue la séptima estrella de una enorme constelación en forma de barco, la Nave Argos, que en el siglo XVIII fue subdividida en las Velas, la Popa, la Brújula y Carina, la Quilla. Cuando dividieron la Nave, ¡las estrellas conservaron la letra pero cambiaron de constelación! Así la estrella más brillante, Alfa, pasó a ser Alfa Carinae (Canopus, la segunda estrella más brillante del cielo). La segunda también quedó en Carina: es Beta Carinae, con el bonito nombre propio de Miaplácidus. ¡Pero no hay Gamma Carinae! La tercera estrella de la Nave quedó en las Velas, y hoy es Gamma Velorum (Regor, una de las estrellas de navegación de las naves Apollo). Eta quedó en Carina. Pero quedó muy confundida. Hoy en día no sólo Alfa, Beta y Épsilon, sino también Theta y Iota la superan en brillo. Y varias estrellas variables la superan cuando llegan a su máximo. Pero Eta se ríe en silencio, porque tiene un pasado glorioso y un futuro más que prometedor.

Eta Carinae es una de las estrellas más extraordinarias que conocemos. Hoy sabemos que es binaria, formada por dos estrellas en una órbita muy alargada, y con una amplitud similar a la distancia de Neptuno al Sol (similar a la órbita del cometa Halley, digamos). Una de ellas es una enorme estrella, de 30 masas solares, que sería extraordinaria por si misma, si no fuera porque está en órbita alrededor de una estrella monstruosa, de 100 masas solares. Estas estrellas gigantescas son increíblemente brillantes, radian con furia millones de veces más intensamente que el Sol. Están al borde de desintegrarse a sí mismas venciendo a su propia fuerza de gravedad. En cada galaxia hay una docena, como mucho, y hasta no hace mucho Eta Carinae era la única conocida en todo el universo. Durante algún tiempo viven una vida loca, inestable como la de ningún otro tipo de estrella. Pero tienen los días contados. Inevitablemente agotan su combustible nuclear, que las mantiene infladas, y terminan sus vidas en un santiamén, en un paroxismo explosivo más allá de la pesadilla pirotécnica más desaforada.

En 1843 Eta Carinae, que había aumentado de brillo lentamente a lo largo de varias décadas, se volvió de golpe *la segunda estrella más brillante del cielo*, superada sólo por Sirio. Para ser una estrella que está a 7500 años luz de nosotros, mientras que Sirio está a menos de 10, no está nada mal. El exabrupto duró dos décadas, y luego Eta se apagó hasta hacerse muy, muy tenue. Tuvo un segundo episodio en 1890, mucho menos notable, y luego un período de varias décadas de tranquilidad. Desde mediados del siglo XX viene aumentando de brillo nuevamente, y ya ha alcanzado nuevamente una magnitud que permite verla a simple vista. La figura muestra la evolución de su brillo en los últimos dos siglos.

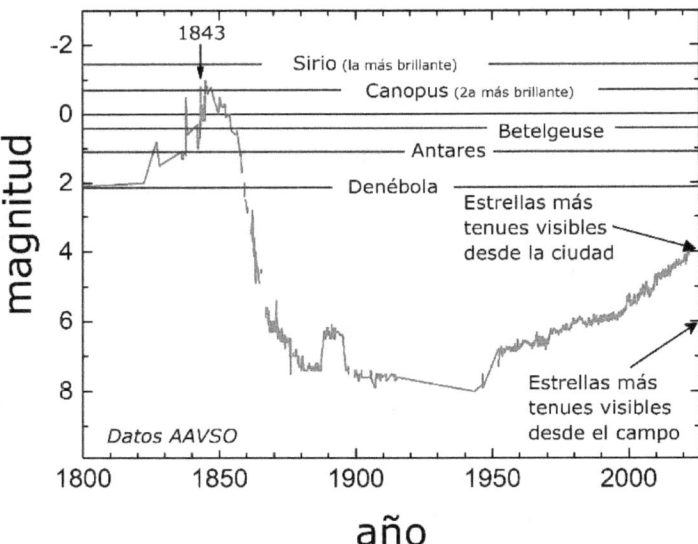

La Gran Erupción de Eta Carinae en 1843 fue un evento extraordinario. Durante la explosión la estrella expulsó una enorme cantidad de materia, equivalente a 20 soles o más, que todavía se encuentra en expansión. Son lo que hoy conocemos como Nebulosa Homúnculo, o simplemente el Homúnculo, así bautizado por Enrique Gaviola, genial físico y astrónomo argentino, pionero de ambas ciencias en nuestro país. Tremendamente respetado internacionalmente, es uno de los héroes lamentablemente ignorados de nuestra ciencia. Durante sus años como director del Observatorio de Córdoba estudió minuciosamente la nebulosa y publicó sus análisis en 1949. Allí describe su aspecto como "un hombrecito, con su cabeza apuntando al noroeste, las piernas hacia el lado opuesto y los brazos cruzados sobre un cuerpo gordo." Así es como nos lo muestra el Telescopio Espacial Hubble

Usando un espectroscopio de su propia invención Gaviola midió la velocidad a la cual el Homúnculo se está expandiendo. Encontró que los lóbulos de la nebulosa se alejan del centro a 600 km/s. ¡Son más de dos millo-

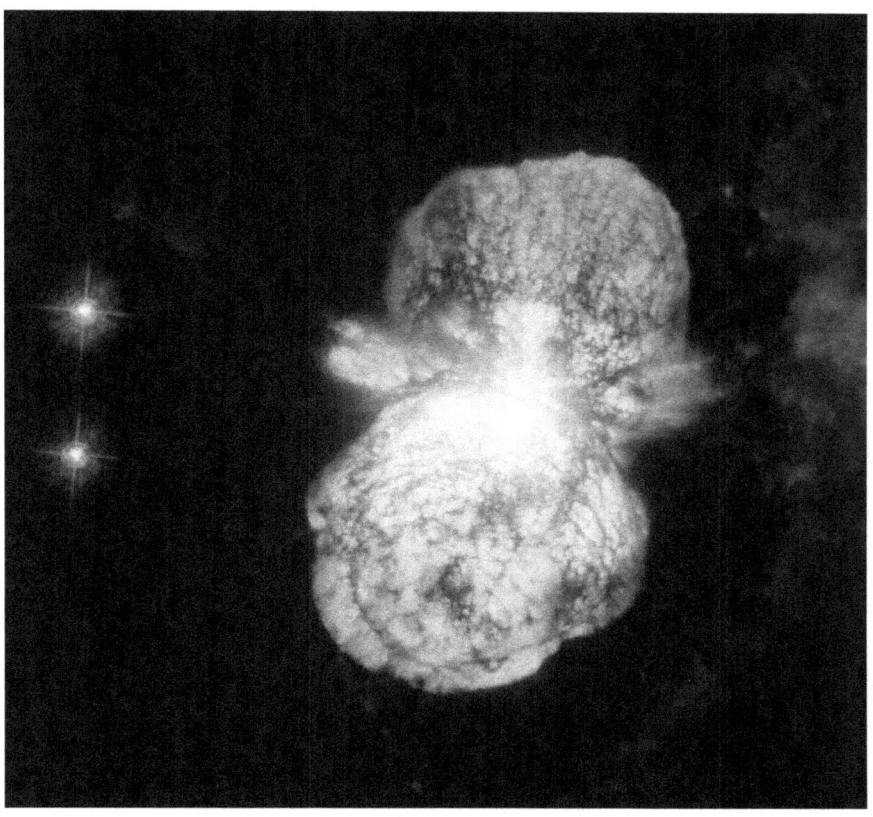

nes de kilómetros por hora! Es una velocidad enorme, incluso para un objeto astronómico. A partir de este dato es posible calcular que en 1843 todo el material estaba en el centro, donde está la estrella. Eta Carinae quedó dentro del Homúnculo, que es muy denso y obstruye en gran medida su luz. Por eso tras la explosión la estrella se volvió casi invisible. Se cree que el segundo evento, el de 1890, que en la curva de luz parece mucho menor al de 1843, fue similar a aquél, pero por haber ocurrido dentro no se lo vio tan brillante. En años recientes se ha descubierto un mini-homúnculo dentro del Homúnculo, que parece ser el resultado de la segunda erupción. En un futuro no muy lejano, la parte más densa del polvo se disipará y podremos ver el sistema estelar en su centro directamente.

¿Podemos ver esta extraña nebulosa con el telescopio? ¡Claro que sí! Hasta en Bariloche, donde la turbulencia de la atmósfera no permite usar grandes aumentos, en noches calmas he visto al homúnculo como un par de disquitos anaranjados, uno más intenso ocultando parcialmente a uno más oscuro, realmente muy parecido a la imagen del Telescopio Hubble (sin sus detalles extraordinarios, claro). Inclusive es posible fotografiarlo, y usando una secuencia de varias exposiciones cortas (1 a 10 segundos), tal como hizo Gaviola, se las puede combinar digitalmente y lograr un resultado sorprendentemente bueno, como puede apreciarse en la imagen de aquí abajo, en la que se ven hasta ciertas estructuras en los lóbulos y los "bracitos".

¿Dónde están Eta Carinae y el Homúnculo? Para quienes no sepan encontrarlos hice el siguiente zoom, usando otras fotos mías de la zona, que es una de las favoritas de todos los aficionados australes. En la foto del fondo se ven la Cruz del Sur y sus Punteros, que todo el mundo debería saber encontrar en el cielo. Cerca de la Cruz está la gran Nebulosa de Carina (también llamada de Eta Carinae) pero el Homúnculo es mucho más chiquito. En medio de la gran nebulosa hay una región oscura llamada el Ojo de la Cerradura, y cerca de éste la estrella más brillante, naranja, es Eta Carinae. A mirar con cuidado, con paciencia, con buen aumento y con cielo calmo, pero no necesariamente muy oscuro.

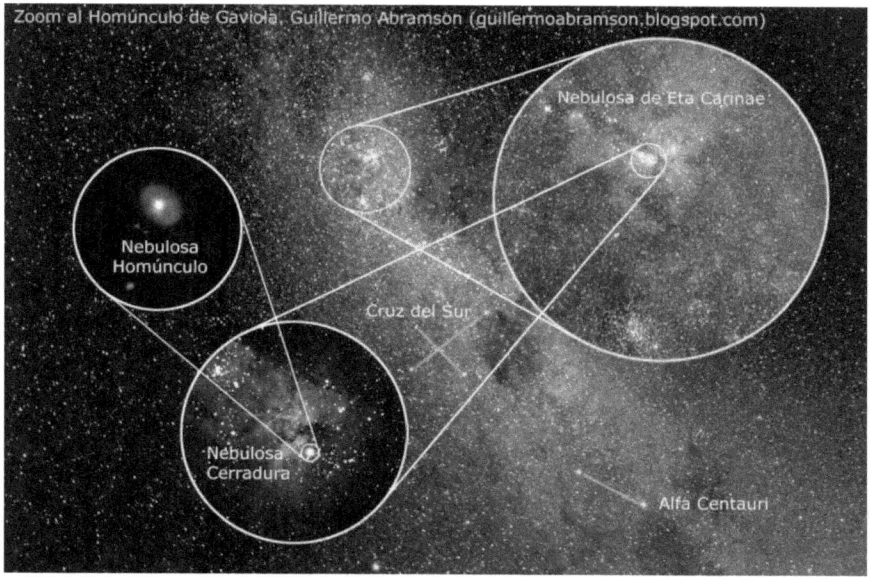

El Homúnculo es una nebulosa muy inusual, principalmente debido a que es tan joven. Es hermoso y complejo, y ha sido estudiado en todas las longitudes de onda del espectro electromagnético. Mide actualmente 0.7 años luz de largo, equivalente a unos 500 sistemas solares. En su interior se han medido velocidades todavía más increíbles, de 3000 km/s. Es el objeto más brillante del cielo en infrarrojo cercano, entre 5 y 20 micrones; brilla a una temperatura de unos 140 K y funciona esencialmente como un calorímetro de la estrella en su interior. Su masa y velocidad permiten un cálculo (tal vez subestimado) de su energía cinética, de 10^{50} ergios. Esta energía, suministrada por la explosión de 1843, es comparable a la de una pequeña supernova.

Aunque en aquella ocasión Eta Carinae sobrevivió, estas estrellas hipermasivas no duran mucho. El mecanismo exacto de su final no está del todo claro. Podría ser una supernova de colapso de núcleo, como las que se esperan para Antares o Betelgeuse. Pero también podría ser otro tipo de inestabilidad, que produzca una "hipernova". En todo caso, es seguro que los combustibles nucleares se acabarán y que Eta explotará en un futuro cercano, entendido en sentido astronómico, por supuesto. Puede ser en el próximo millón de años, o puede ser este fin de semana. Por suerte para nosotros está bastante lejos, a 7500 años luz. Aún así alcanzará un brillo 200 veces superior al de Sirio, la estrella más brillante del cielo nocturno. Cuando esto ocurra las capas de elementos cada vez más pesados que se habrán ido acumulando como capas de cebolla serán expulsados al espacio interestelar, junto con otros que se sintetizarán en el momento de la explosión. Una gran onda de choque se propagará a través de la Nebulosa de Carina, disparando la formación de nuevas estrellas. Estrellas como Eta Carinae, aun siendo tan raras, juegan un rol crucial en la evolución química y dinámica de la galaxia. Fue en estrellas como Eta Carinae donde se forjaron los átomos (salvo el hidrógeno) de nuestros cuerpos, de nuestras cosas, de nuestro mundo. Y fue probablemente la explosión de una estrella como Eta Carinae la que, hace 5 mil millones de años, puso en movimiento esos átomos que acabarían formando el sistema solar, la Tierra y a nosotros mismos. Éste es el tipo de conexión cósmica que nos llevó a algunos de nosotros a estudiar Física o Astronomía. Pero también es algo que cualquiera puede experimentar a un nivel profundo cuando observa el cielo estrellado.

El lado oscuro del universo

Ya que hemos hablado del universo invisible, tenemos que mencionar uno de los grandes misterios de la astronomía moderna. Es tal vez el epítome del *universo que no vemos*. Se trata de la denominada *materia oscura*, cuya naturaleza se ignora. No es materia ordinaria, de la que forma las estrellas, los planetas y a nosotros mismos: los átomos de la tabla periódica. Tampoco son partículas subatómicas conocidas. Es *algo* que los astrónomos han podido medir y "observar" de manera muy indirecta, y que hace sentir su presencia solamente a través de su interacción gravitatoria con la materia "normal". No emite *nada* de luz, en ninguna longitud de onda. Es decir, no interactúa con el campo electromagnético, a diferencia de la materia normal. Este hecho es el nudo de su misterio. Es posible que, si se trata de partículas materiales que interactúan (aunque fuere muy débilmente) con la materia ordinaria, se logre detectarlas en el acelerador de partículas del CERN, el Large Hadron Collider. Hasta que esto ocurra, sin embargo, sus manifestaciones son muy indirectas y su naturaleza por completo desconocida.

Curiosamente, los astrónomos saben *cuánta* materia oscura hay. La clave es que ejerce una atracción gravitatoria sobre la materia normal, de manera que modifica su movimiento. De hecho, las primeras observaciones que indicaban su existencia son de mediados del siglo XX, si bien recién a mediados de los años 1990 se logró reunir evidencia suficiente. Estas observaciones consisten en la medición de la velocidad a la cual orbitan las estrellas alrededor de sus galaxias, a distintas distancias del centro. Es algo que puede medirse con mucha exactitud mediante el espectroscopio y el efecto Doppler, naturalmente. Si la materia de la galaxia fuese la que se observa en radiación electromagnética, la que "brilla", las estrellas y las nubes de gas, que son más densas cerca del centro y se diluyen hacia los confines de la galaxia, entonces la velocidad de rotación debería disminuir al alejarse del centro de una manera muy precisa y sencillamente calculable. Se observó, sin embargo, que la velocidad orbital de las estrellas se mantenía prácticamente constante. Como esta velocidad depende de la distribución de masas en el interior de la órbita, se puede calcular la masa

faltante para que estas curvas de rotación sean como las medidas: esa masa faltante es la materia oscura, ¡que resulta ser cuatro o cinco veces más abundante que la materia normal! Sí, es sorprendente, es un misterio, y no hay mucho más para decir.

En años recientes se han podido realizar observaciones de otro tipo, también indirectas, de la distribución de la materia oscura a escala cósmica. Esto se ha hecho utilizando una segunda manifestación de la interacción gravitatoria: la gravedad curva los rayos de luz, un fenómeno descripto por las ecuaciones de la Relatividad General. Este fenómeno permite la existencia de unas rarísimas lentes gravitacionales que funcionan de la siguiente manera. Imagínese una galaxia muy lejana, y justo entre ella y nosotros otra galaxia, o mejor, un cúmulo de galaxias, un objeto enorme y muy masivo. La luz proveniente de la galaxia lejana, para alcanzarnos, debe atravesar la región del espacio ocupada por el cúmulo. Al hacerlo se desvía, de una manera muy precisa dictada por la distribución de materia que encuentra a su paso. Desde la Tierra veremos una imagen distorsionada de la galaxia lejana. Típicamente se la ve descompuesta en fragmentos en forma de arcos muy estirados, desparramados por todo el campo de la "lente", que pueden verse por ejemplo en la fotografía del supercúmulo Abell 1689 que mostramos en la página anterior. La espectroscopía incluso permite identificar cuáles fragmentos corresponden a la misma galaxia lejana. Como la distorsión se debe a *toda* la materia interpuesta en el camino, normal y oscura, puede reconstruirse matemáticamente la distribución de materia que forma la lente. La materia normal es visible, por lo tanto el "resto" debe ser materia oscura. Se ha podido reconstruir de esta manera una imagen razonable de la materia oscura que inunda el cúmulo de galaxias, y que aparece superpuesta a la foto como una bruma extendida. Una presencia fantasmagórica que permea las galaxias y también el espacio entre ellas. Sin duda, se encuentra también a nuestro alrededor, sin que podamos percibirla ni, por ahora, explicarla.

SEGUNDA PARTE
EN EL CIELO… ¡LOS PLANETAS!

Mucha gente no lo sabe, y se sorprende al enterarse. En el cielo, sin necesidad de telescopio ni nada por el estilo, además de estrellas podemos ver planetas. Sí, los planetas de nuestro sistema solar, los más brillantes en realidad, son visibles a ojo desnudo. Claro, se ven como estrellas, no como *mundos*. Pero, a diferencia de las estrellas, que siempre guardan la misma posición unas con respecto a las otras, a lo largo de los días y las semanas podemos ver cómo cambian de posición. Es un hecho conocido desde la Antigüedad, aunque no fue sino hasta el Renacimiento cuando comenzamos a entender por qué se mueven así. Se trata, por supuesto, de un efecto de perspectiva debido a que todos, ellos y nuestro propio planeta, estamos en órbita alrededor del Sol muchísimo más cerca que lo que se encuentran las estrellas, aun las más cercanas.

Desde que Galileo apuntó su catalejo al cielo hace cuatrocientos años sabemos que los planetas son mundos. Mundos, más o menos parecidos a la Tierra. Algunos tienen satélites, como aquí en la Tierra tenemos la Luna. Y hay muchos más que no podemos ver a simple vista. Muchos de estos mundos han sido visitados por robots de la Tierra, que han convertido lo que por siglos fue materia de la Astronomía en objeto de la Geología, la Geografía y hasta la Biología.

Hablaremos de los planetas. Pero, ya que estamos en el sistema solar, vamos a empezar, como hizo Galileo, por la Luna.

Superlunas, minilunas

En años recientes se ha empezado a anunciar, tanto en los medios de comunicación masivos como a través de los mensajes que circulan por las redes sociales, cuando ocurre una *superluna*. ¿Qué hay de cierto en esto? ¿Es realmente algo apreciable? ¿Es algo raro?

Empecemos diciendo que es cierto: en ciertas ocasiones la Luna llena se ve más grande que otras veces. Estas dos fotos de la luna llena fueron tomadas con la misma cámara, a través del mismo telescopio, y desde el mismo lugar de la Tierra (el balcón de mi casa). ¿Por qué una es más grande que la otra? La respuesta no tiene nada que ver con la ilusión que hace parecer a la Luna más grande cuando está cerca del horizonte. Esa es una verdadera ilusión, así que no se la puede fotografiar. Y tampoco es un truco de manipulación de imágenes.

Las dos lunas son distintas porque la órbita de la Luna alrededor de la Tierra no es redonda. Es una *elipse*. También son elipses las órbitas de los planetas alrededor del Sol. ¿Y qué es una elipse? Nada del otro mundo: corte un pepino en chanfle y obtendrá una elipse. Como es fácil de imaginar aunque no estemos en la cocina, una elipse es una figura ovalada. Cuanto más en diagonal corte, más estirada será la elipse. Si corta justo transversalmente obtendrá un círculo. ¿OK? También puede cortar un cono, con el beneficio de que además de elipses puede obtener parábolas (si corta paralelo al costado del cono) e hipérbolas (si se pasa del corte parábola).

Existe un método sencillo para dibujar preciosas elipses, a veces llamado método del jardinero. Es así: clavamos dos alfileres en una hoja de papel (¡poniendo debajo una tabla para no pinchar la mesa!) y los rodeamos con una cuerdita de unos 30 cm de longitud, con sus extremos atados formando un lazo. Usando un lápiz tensamos el hilo (que debe quedar trabado en los dos alfileres, que marcarán los focos de la elipse) y dibujamos todo alrededor, siempre con el hilo tenso formando un triángulo entre los dos alfileres y la punta del lápiz. El resultado es una elipse perfecta. Poniendo los alfileres más juntos tendremos elipses más redondas, y poniéndolos más separados, elipses más estiradas (más excéntricas, se dice). Si usamos estacas clavadas en la tierra podemos hacer canteros elípticos de flores en el jardín (de ahí el nombre del método).

En cuanto empiecen a dibujarlas les resultará evidente que una elipse es como un círculo con dos "centros", que se llaman *focos*. La Tierra está en uno de estos focos, un poquito corrida del centro-centro. Como puede imaginarse, una consecuencia de esto es que a veces la Luna se encuentra más lejos y a veces más cerca de la Tierra. Los astrónomos llaman *apogeo* al punto más lejano de la Tierra y *perigeo* al más cercano. Cuando la Luna está en su apogeo, entonces, se la ve más chica que cuando está en su perigeo. Un 15% más chica, como se ve en las fotos. A simple vista uno no se da cuenta, probablemente porque no tiene un recuerdo exacto del tamaño de la Luna de una luna llena a la siguiente. Pero en fotos como éstas la diferencia es bien evidente. La foto de la izquierda fue tomada el 9 de enero de 2009, con la Luna a 363015 km, y la de la derecha el 7 de julio del mismo año, con la Luna a 406661 km.

Ahora bien, la Luna pasa todos los meses por su apogeo y por su perigeo. ¿No tendría que haber una superluna y una miniluna por mes? No. Lo que ocurre es que las lunas llenas no coinciden siempre con perigeos y apogeos, sino que hay que elegir los momentos adecuadamente. Una vez identificados los momentos de coincidencia de lunas llenas con estos ápsides de la órbita (se llaman así), se puede fotografiarlos: basta una cámara con un zoom suficientemente largo, para que la Luna no salga demasiado chiquita en la foto. Conviene tomar la precaución de subexponer la foto (¿cuánto? ¡prueben! es lo mejor de la fotografía digital) para que la intensa luz de la luna llena no vele la imagen y exagere el tamaño. También conviene apoyar la cámara (en un trípode o en donde se pueda) y usar el *timer* o temporizador, para que no salga movida.

De la Tierra a la Luna

¿A qué distancia de la Tierra está la Luna? Muchísima gente no tiene una idea cabal de esta distancia, no ya del valor en kilómetros sino, digamos, en comparación con el tamaño de nuestro planeta. Hágase el siguiente experimento.

Una pelota de fútbol y una pelota de tenis guardan entre sí más o menos la misma relación de tamaños que la Tierra y la Luna. Si se le explica esto a cualquier persona, y se le pide que las ponga más o menos separadas como se encuentran la verdadera Tierra y la verdadera Luna, la mayor parte de la gente las pondrá más o menos como las tengo en la primera foto. Casi todos los niños pequeños, por ejemplo, las pondrán así, pero también un sorprendente número de adultos. ¿Está bien?

¡No! ¡Es demasiado cerca! Un grupo pequeño de gente, adultos educados y razonadores, y también algunos de los que pusieron la Luna muy cerca y les dijimos que "Mmmm... es *más lejos...*", las pondrán así, como en la segunda foto, más o menos a un metro

de distancia una de la otra. ¿Y ahora? nos dirán con mirada ingenua. ¡Todavía están muy cerca!

La verdad que, a esa escala, ¡hay que poner la pelota de tenis a 7 metros de la pelota de fútbol para que estén a la distancia correcta! ¿No es impresionante? Cuando se le da la pelota de tenis a un niño y se le dice: "Más atrás, más atrás, *más*, más atrás..." no lo pueden creer. Pero es así. La pelota de fútbol mide 23 cm de diámetro, que representan los 12700 km del diámetro de la Tierra. Así que los 384000 km de distancia que nos separan de la Luna en promedio son (regla de tres simple) 384000/12700×23 cm, o sea siete metros. El universo es muy grande, y está casi todo vacío... En la misma escala, el Sol sería del tamaño de un edificio de varios pisos, ubicado a varios kilómetros ahí atrás...

Este "modelo" del sistema Tierra-Luna usando pelotas es muy ilustrativo, y está al alcance de todo el mundo. Vale la pena tenerlo presente.

La salida de la Luna

Hay una cuestión relacionada con la Luna que siempre sorprende, aunque uno conozca la explicación. ¿Por dónde sale la Luna llena? Todos sabemos que el punto de aparición del Sol se va corriendo despacito a lo largo del año: en invierno sale más al Norte, y en verano más al Sur. Día tras día se corre un poquito. Pero la Luna parece caprichosa. Si hacemos planes para ver la salida de la Luna llena, al atardecer, más de una vez nos va a sorprender saliendo más al Norte o más al Sur que lo que esperábamos.

A pesar de la sorpresa que suele producir, la explicación del punto de salida de la Luna no es para nada complicada. La órbita de la Luna está casi en el mismo plano que la órbita de la Tierra. Por lo tanto, en el cielo, se mueve en la misma franja por la que lo hace el Sol: la región de las constelaciones zodiacales. Pero mientras el recorrido completo del Zodíaco le lleva al Sol un año entero (el tiempo que la Tierra tarda en dar una vuelta a su alrededor), la Luna da una vuelta al Zodíaco cada mes, en cada período lunar.

La Luna llena, en particular, está en el punto opuesto al Sol (con la Tierra en medio, de modo que vemos íntegro su lado diurno). Así que, en invierno, la Luna llena está en el lugar que el Sol ocupa en verano. La Luna llena de esta foto fue la más cercana al solsticio de invierno. Es decir, al momento en que el Sol aparece más hacia el norte. Por lo tanto, se trata de la Luna llena más austral del año. En el horizonte marqué la posición del Sudeste, que se encuentra a 120 grados medidos desde el Norte. Ese día el Sol estaba en Géminis y la Luna, del otro lado, en Sagitario.

La sombra de la Tierra

«Yo, que medía los cielos, ahora mido la sombra de la Tierra.»
Johannes Kepler (su propio epitafio)

"La sombra de la Tierra". Impresionante, ¿no? ¿Pudieron ver alguna vez la sombra de la Tierra sobre la Luna durante un eclipse? Presten atención, los eclipses de Luna no son tan infrecuentes, vale la pena estar atentos.

Y si prestan atención, hay un montón de cosas interesantes para observar en un eclipse de Luna. Cualquiera puede observarlas mirando la Luna con binoculares durante un eclipse.

¿Ven la forma curva de la sombra de la Tierra sobre la Luna? Midiendo cuidadosamente este fenómeno, hace 2500 años el astrónomo griego Aristarco calculó que la Luna se encontraba a 10 diámetros terrestres de distancia. Fue el comienzo de la medición del tamaño del universo, el salto de la Geografía a la Cosmografía. Bueno, la Luna está en realidad a 30 diámetros terrestres, pero podemos disculparle el error dada la dificultad de observar (¡a simple vista!) el borde de la sombra que, como notarán, es más bien difuso.

Durante un eclipse total de Luna el satélite se mete íntegramente dentro del cono de sombra de la Tierra. Sin embargo, un observador atento notará que la Luna suele verse de color rojo. El tono exacto puede variar de un eclipse a otro, y se lo clasifica mediante una escala de cinco valores ideada por el astrónomo André-Louis Danjon: desde el nivel 0 que es un eclipse muy oscuro, casi invisible, pasando por tonos cada vez más claros, marrones, herrumbre, rojo ladrillo… hasta el 5 que es un rojo cobrizo.

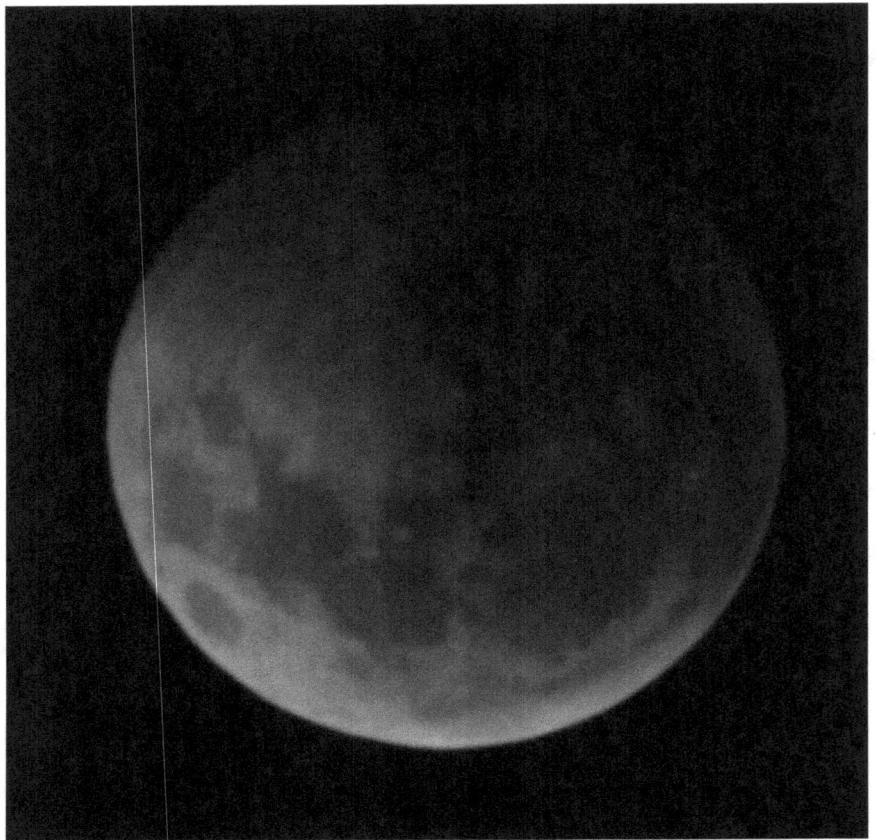

¿Por qué no se ve siempre muy oscura, negra o simplemente invisible, ya que está completamente en sombras? El Sol no la ilumina. La Tierra tampoco la ilumina con luz reflejada, ya que durante la luna llena la mitad de la Tierra que apunta hacia la Luna es la nocturna.

El color rojizo de la Luna eclipsada se debe a que, vista desde la Luna durante el eclipse, la Tierra muestra su hemisferio nocturno rodeado por una corona delgada, brillante y rosada: son todos los amaneceres y todos los atardeceres del mundo a la vez. Forman un círculo continuo que separa la noche de la Tierra del día (¡donde está toda la gente que se pierde el espectáculo del eclipse!). La atmósfera de la Tierra dispersa fuertemente la componente azul de la luz del Sol. O sea: le cambia la dirección, con lo cual parece venir de todos lados y por eso nuestro cielo es azul. La luz que pasa de largo está privada de azul, y por lo tanto enrojecida, y tiñe de rojo el cono de sombra de la Tierra. Si uno fuera griego y fuera poeta, tal vez podría decir que es la Luna tocada por Aurora, la de rosados dedos.

Los distintos tonos de la escala de Danjon se deben a que el efecto depende de varias propiedades de dispersión de la luz solar en la atmósfera terrestre. En particular, depende de la presencia de aerosoles o partículas de polvo fino en la alta atmósfera, debidas principalmente a erupciones volcánicas. Suele ocurrir que después de una gran erupción, como la del Monte Pinatubo en 1991, siguen varios años de eclipses muy oscuros. Durante el eclipse del 9 de diciembre de 1992 la Luna se vio extremadamente oscura y fue clasificado en el nivel 0 de la escala de Danjon.

En las fotos se ve también que la iluminación no es pareja: el centro de la sombra de la Tierra es más oscuro, y el borde más claro. El prominente cráter Tycho apenas se ve ahí arriba, mientras que el ovalado Mar de las Crisis se distingue perfectamente cerca del borde inferior izquierdo. Es interesante notar que el borde claro se suele ver un poco azulado: es luz dispersada por una de las capas más altas de la atmósfera, la famosa capa de ozono, que absorbe parcialmente el rojo.

Luz de luna

Estoy seguro de que alguna vez escucharon a alguien decir que los viajes a la Luna nunca ocurrieron. Que lo que vimos fue un simulacro al estilo de la película Capricornio Uno. Diré de entrada que todos los argumentos de los negadores son fácilmente refutables. Se pueden llenar libros con estas refutaciones, pero claro: se venden mucho menos que los libros que sostienen la teoría de la conspiración. De todos modos, uno de los argumentos es suficientemente interesante como para contarlo aquí. Lo voy a dramatizar un poco, si me permiten.

«Estoy parado en la superficie de otro mundo. Frente a mí está mi compañero de viaje, enfundado en su traje espacial, con el Sol a sus espaldas. Justo la posición que siempre nos dicen que evitemos al sacar una foto en la playa, para que el sujeto no salga oscuro. Pero mucho tiempo no tenemos, así que con cierta dificultad manipulo la legendaria Hasselblad 500. No tiene visor, así que apunto con el cuerpo, la cámara rígidamente sujeta a mi traje en el pecho. Quedate quieto, Buzz. Qué buena toma. Click. Prrr (menos mal que le pusieron un motorcito para avanzar la película). Una foto más, entre cientos. Le tengo que prestar la cámara, así salgo yo en alguna...»

La foto salió bien. De hecho, salió muy bien, convirtiéndose con justicia en una de las fotos más famosas del viaje y de la Historia. Todos la hemos visto muchas veces y tal vez hayamos perdido la capacidad de asombrarnos. Pero ¡vamos! el tipo está parado en la Luna. Es Buzz Aldrin, y la foto fue tomada por Neil Armstrong, cuyo reflejo se ve en el visor del casco. El Sol está fuera del cuadro, iluminando a Aldrin desde atrás, de manera que el frente del astronauta está en sombras. Y a esto quería llegar: los negadores dicen que esa imagen no puede haber sido tomada en la Luna. Evidentemente hay otra fuente de luz aparte del Sol, ergo la foto está tomada en un estudio. ¿No?

¡No! Es verdad que el cielo es negro en la Luna (porque no hay aire), pero hay otra fuente de luz difusa: ¡el propio suelo lunar, brillantemente iluminado por el Sol!

El suelo lunar, como el de muchos otros cuerpos sólidos sin aire del sistema solar, refleja la luz de una manera muy particular. No se comporta como una superficie reflectora difusa (lo que llamamos una superficie mate o satinada) sino —parcialmente— como un retrorreflector. Un fenómeno similar puede observarse en la Tierra sobre un jardín cubierto de rocío a la mañana. Mirando hacia el césped de espaldas al Sol podemos ver, alrededor de la sombra de nuestra cabeza, un halo brillante (se llama Heiligenschein, por su nombre en alemán). Las gotitas del rocío dispersan la luz del sol preferentemente hacia la dirección de donde ésta proviene, es decir hacia atrás, de vuelta hacia el Sol. Un retro-reflector.

No sólo el suelo polvoriento de los planetas sin aire se comporta así. Los helados anillos de Saturno hacen algo parecido, llamado *opposition surge*. En esta encantadora foto tomada por el robot Cassini se puede ver como un punto brillante iridiscente.  Los colores se deben a que la nave se movió durante las tres exposiciones necesarias para sacar la foto en colores naturales. El polvo que envuelve a todo el sistema solar también hace algo parecido, pero es muy difícil de ver. Tiene un nombre también en alemán: *Gegenschein*. Los mecanismos en cada caso son ligeramente distintos, pero todos logran el mismo efecto.

No hace falta irse hasta Saturno o aprender alemán. La retrorreflexión se usa en dispositivos y pinturas especiales muy familiares, cuyo propósito es que sean bien visibles de noche al ser iluminados por un auto. Me refiero a los ojos de gato de las bicicletas, las tiras brillantes de las zapatillas y otra ropa de correr, la pintura de las señales viales, etc. Cuando las iluminan los faros de un auto reflejan fuertemente hacia la dirección del auto (en lugar de hacerlo difusamente, o *especularmente* alejando la luz de la fuente y de la vista del conductor).

Hay animales que tienen retrorreflectores naturales. No sé si el nombre "ojos de gato" de los reflectores de la bici les hacía sospechar algo... La retina de los gatos tiene, por detrás, una capa retrorreflectora llamada tapetum. La luz que atraviesa la retina se refleja en este tejido y vuelve a atravesar la retina, mejorando la eficiencia de la visión nocturna. Unos cuantos animales, especialmente nocturnos, tienen este retrorreflector incorporado. Los primates no lo tenemos (para desgracia de los aficionados al cielo nocturno).

Hay que decir que estos efectos de retrorreflexión no tienen una única causa en común. Sólo se parecen superficialmente. De hecho, no existe consenso sobre la causa del fenómeno de retrorreflexión del suelo lunar.

Volvamos a la Luna. El suelo lunar (le decimos regolito lunar) está cubierto de un polvo finísimo resultado de eones de meteorización y viento solar, libre de toda erosión por agua o aire. Este polvo tiene propiedades de retrorreflexión. En la foto de Aldrin (miren con cuidado) podemos ver su sombra reflejada en el visor del casco. Él tiene el Sol detrás, de manera que alrededor de la sombra de su casco podemos ver el halo brillante del Heiligenschein tal como él lo veía en ese momento. El suelo iluminado, ayudado por esta retrorreflexión, ilumina suficientemente bien su cuerpo en sombras.

Esta propiedad del regolito lunar también explica por qué la Luna llena es tan brillante. La parte iluminada de una Luna llena es el doble de grande que la de una Luna en cuarto creciente o menguante. Sin embargo no es el doble de brillante sino casi 15 veces más brillante: la magnitud de la Luna llena es –13 y de la Luna en cuarto –10; una diferencia de 3 magnitudes representa un factor de 2.513 ≈ 15 de diferencia en el brillo.[15] ¿A qué se debe esto? Cuando la Luna está en cuarto el Sol la ilumina de costado. La retrorreflexión hace que buena parte de la luz del Sol regrese hacia ese lado, hacia el Sol, sin llegarnos a nosotros. Con la Luna llena, en cambio, tenemos el Sol a nuestras espaldas. La retrorreflexión hace que buena parte de la luz reflejada por la superficie iluminada venga hacia nosotros.

[15] El número 2.513 es aproximadamente la raíz quinta de 100, que define la escala de magnitudes estelares: una diferencia de 5 magnitudes equivale a un factor 100 en el brillo.

Hay todavía otra consecuencia fácil de observar. Cuando vemos la Luna llena no parece una esfera. Parece un disco chato, uniformemente iluminado. Si la superficie de la Luna fuera como cualquier otra superficie que refleja de manera difusa, una bola de madera sin pulir, pongamos por caso, se vería como una esfera. Pero no: parece chata. (Ignoren el relieve visible en el borde inferior, por favor; es que es muy difícil agarrar a la Luna justo llena).

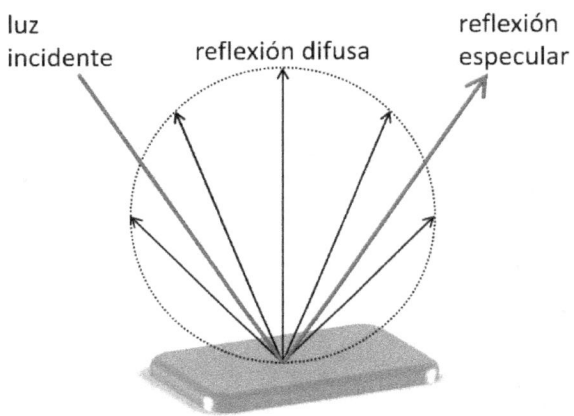

Reflexionemos (☺) sobre el fenómeno. Por un lado existe la reflexión especular, la que aprendemos a calcular en las clases de física en la escuela: el rayo reflejado forma un ángulo con la superficie igual al rayo incidente. Así se comportan los espejos, las superficies pulidas y las pinturas brillantes. Las superficies mates o satinadas se comportan distinto, con una ley de reflexión que normalmente no aprendemos en la escuela. Se llama reflexión difusa o de Lambert, y está ilustrada en la figura de aquí arriba. Los programadores de juegos de computadora la conocen bien, porque necesitan simular la manera en que se comportan distintas superficies. Si no lo hicieran todo se vería brillante como un espejo en la Playstation.

La Luna no es ni una cosa ni la otra. Obviamente no es brillante como un espejo, pero tampoco es completamente "lambertiana". Tiene, en cambio, las propiedades de retrorreflexión que describimos más arriba. Los planetas Júpiter y Saturno, por el contrario, no tienen una superficie sólida de roca pulverizada. Sólo vemos la parte superior de sus atmósferas. Se ven, a través del telescopio, con un oscurecimiento hacia el borde debido a la inclinación de esa parte de su superficie con respecto a nuestra línea visual. Esto hace que nuestro cerebro los perciba como esferas y parecen realmente *bolitas*.

Volviendo a la cuestión de los viajes del Apollo, entre los experimentos dejados en la Luna había, ¡oh, coincidencia! unos retrorreflectores destinados a ser usados desde la Tierra. Se manda un láser hacia ellos y el rayo viene de regreso hacia uno, independientemente del ángulo de incidencia. Midiendo el tiempo que tarda la luz en ir y volver se calcula la distancia a la Luna con precisión de milímetros. No es algo que pueda hacerse desde la terraza de casa (como hacen los chicos de *The Big Bang Theory* en el episodio *The Lunar Excitation*) pero es relativamente sencillo, y montones de observatorios del mundo lo han hecho.

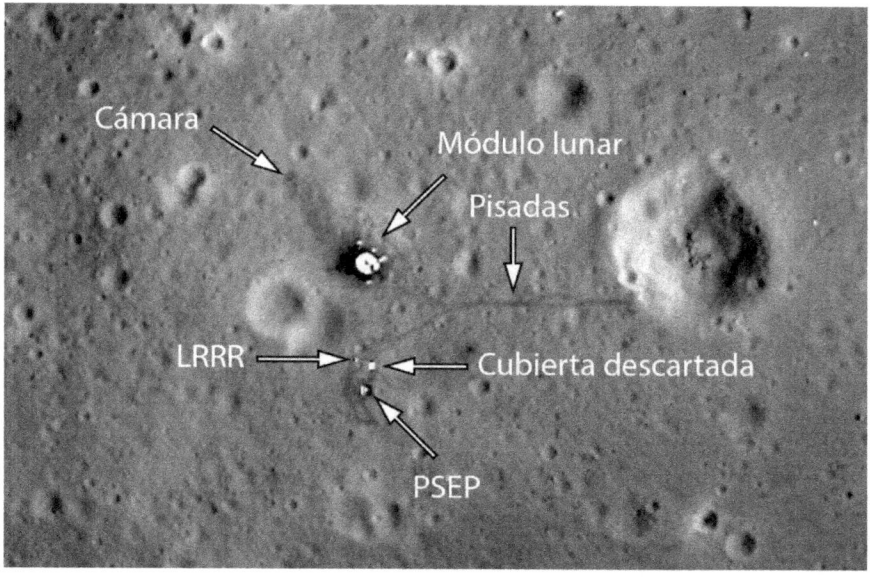

"Claro", dirá el negador, "pero se puede mandar un retrorreflector en una nave automática". ¡Uf! Aquí hay una foto de Base Tranquilidad tomada desde la órbita lunar por el Lunar Reconnaisance Orbiter (resolución de unos 50 cm por pixel). Se ve la plataforma del módulo lunar, con sus cuatro patas, el terreno pisoteado por los astronautas (en forma de líneas y manchones apenas más oscuros), y unas manchitas brillantes. Una de ellas es el sismómetro y otra es el retrorreflector (LRRR).

Igual, creo que a un *buen* negador no lo convencerán fotos como ésta, sin importar la resolución que tengan. Creo que ni siquiera llevándolo a la Luna y mostrándole el *hardware* que está allí desde hace 40 años se lo convencería. Al volver diría que lo hipnotizamos, o que lo drogamos, o algo por el estilo. Son una causa perdida.

What's in a name?

En Romeo y Julieta leemos:

«What's in a name? That which we call a rose by any other name would smell as sweet.»

Es decir: "¿Qué hay en un nombre? Eso que llamamos rosa perfumaría igual de dulce con cualquier otro nombre". Julieta le está diciendo a Romeo que un nombre es una convención artificial. Que ella ama a una persona que se llama Montesco, y no al nombre "Montesco" ni a la familia Montesco. Romeo, arrastrado por la pasión, niega a su padre y se bautiza a sí mismo tan sólo "amante de Julieta". Son un par de versos que condensan buena parte del conflicto que recorre la tragedia. La expresión *What's in a name?* se ha convertido en un lugar común en lengua inglesa. Si la buscan en Google encontrarán 100 millones de citas.

¿Y esto qué tiene que ver con la astronomía? Tiene que ver con *los nombres de los asteroides*. Aquí vamos.

Cuando fueron descubiertos los primeros asteroides (a principios del siglo XIX) recibieron nombres mitológicos, como los planetas. Como eran planetas menores recibieron nombres de deidades menores. Por ejemplo (el número entre paréntesis es el número de orden en el catálogo de asteroides):

(1) Ceres - diosa de la agricultura, una diosa importante para el número uno
(2) Pallas - un hijo de Urano y Gaia, y también un epíteto de Atenea
(3) Juno - diosa del matrimonio
(4) Vesta - diosa del hogar
(8) Flora - diosa de la primavera

Antes de terminar el siglo XIX, cuando se alcanzó la cuenta de varios cientos de asteroides conocidos, quedó claro que se acabarían los nombres mitológicos antes que los asteroides. Entonces los astrónomos descubridores (mayoritariamente hombres) empezaron a bautizar a sus asteroides con nombres de novias, esposas, hijas, madres... Así que está lleno de nombres de mujeres:

(222) Lucia
(223) Rosa
(225) Henrietta
(235) Carolina
(277) Elvira
(278) Paulina

Ahora bien, con apenas una madre por astrónomo, más una esposa, alguna hija, alguna amante, y mientras tanto los nuevos asteroides acumulándose rápidamente en el catálogo ¡se empezaban a acabar los nombres de mujeres! Empezaron entonces homenajes más formales: ciudades, regiones, países:

(334) Chicago
(439) Ohio
(3833) Calingasta
(3868) Mendoza
(7850) Buenos Aires

Y también instituciones. Aquí vemos, entre otras, a mi propia universidad y al famoso observatorio de las sierras cordobesas. Es una práctica que continúa hoy en día, así que hay algunas organizaciones más modernas, así como siglas de significado más oscuro:

(508) Princetonia
(1725) CrAO
(1917) Cuyo
(3296) Bosque Alegre
(9479) Madresplazamayo
(6000) United Nations

Los asteroides seguían apareciendo, así que los astrónomos dieron rienda suelta a sus deseos de homenajear a sus personajes favoritos. Hay por supuesto muchos científicos:

(2001) Einstein

(2548) Leloir
(2550) Houssay
(11776) Milstein
(5077) Favaloro
(6109) Balseiro

En esta lista habrán reconocido a nuestros premios Nobel, al gran cardiólogo argentino y a José Balseiro, el fundador del Instituto Balseiro de Bariloche. Hace un par de años fotografiamos el asteroide Balseiro usando un telescopio robot en Australia, controlado de manera remota desde nuestro escritorio (en Australia era de noche y en Bariloche era de día, maravillas de la astronomía del siglo XXI). Pueden verlo moviéndose delante de las estrellas en mi álbum de astrofotos.[16]

Hay también escritores de todas las épocas:

(2985) Shakespeare
(4370) Dickens
(5231) Verne
(2675) Tolkien
(5020) Asimov
(11510) Borges
(2578) Saint-Exupéry

Músicos para todos los gustos (fíjense en los cuatro de Liverpool en asteroides consecutivos):

(1814) Bach
(1815) Beethoven
(4147) Lennon
(4148) McCartney
(4149) Harrison
(4150) Starr
(5892) Milesdavis
(5893) Coltrane
(3834) Zappafrank

---

[16] Asteroide Balseiro: https://fotoneslejanos.blogspot.com.ar/2008/11/asteroide-balseiro.html.

(4305) Clapton
(17058) Rocknroll
(17059) Elvis
(19367) Pink Floyd

Y cuando dije rienda suelta ¡quise decir rienda suelta! Gente famosa en general abunda (aunque están prohibidos los políticos y militares hasta 100 años después de su muerte, así como hombres de negocios —y sus productos comerciales):

(2807) Karl Marx
(4846) Tuthmosis
(4847) Amenhotep
(4848) Tutenchamun
(2745) San Martin
(2808) Belgrano
(6469) Armstrong
(6470) Aldrin
(6471) Collins
(6542) Jacquescousteau

¿Más famosos? Deportistas, actores...

(128036) Rafaelnadal
(8353) Megryan
(8299) Tealeoni
(9341) Gracekelly
(9342) Carygrant
(11548) Jerrylewis

No, Maradona no está. Está Pelé, pero se refiere a la diosa hawaiana del fuego, no al Rey.

Hay inclusive personajes de ficción:

(3552) Don Quixote
(2309) Mr. Spock
(5048) Moriarty
(5049) Sherlock

(5050) Doctorwatson
(9007) James Bond
(29401) Asterix
(29402) Obelix
(45) Eugenia I Petit-Prince

¿Notaron a Mr. Spock, de *Star Trek*? ¿No será demasiado? Cuando le preguntaron al descubridor dijo que era el nombre de su gato, el cual era "inteligente, lógico y con orejas puntiagudas" como el personaje de la tele. La Unión Astronómica Internacional recomendó a partir de entonces evitar ponerle a los asteroides nombres de mascotas.[17]

En esta última lista aparece también el asteroide satélite de (45) Eugenia, llamado Petit-Prince, el Principito de la novela de Saint-Exupéry. Eugenia es la Emperatriz Eugenia, esposa de Napoleón III. Fíjense que Eugenia es el asteroide número 45, indicando que fue descubierto hace mucho, en pleno siglo XIX (fue el primer asteroide en recibir el nombre de una persona viva). Cuando se descubrió (recientemente) que tenía un satélite le pusieron Principito, ya que el personaje de Saint-Exupéry está basado en el hijo de Eugenia, el Príncipe Imperial Napoleón IV, quien murió muy joven en África. En la novela, recordarán, el Principito vive en un asteroide, llamado B612. En el próximo capítulo contaré algo sobre él.

Ya señalé una (y habrán visto otras) racha de asteroides consecutivos con nombres relacionados. Una de mis favoritas es la de estos siete pintores impresionistas:

(6672) Corot

---

[17] El asteroide (2309) Mr. Spock fue descubierto en 1971 en el Observatorio El Leoncito, de la Universidad Nacional de Cuyo (hoy Estación Astronómica Carlos Cesco, de la Universidad Nacional de San Juan). Su descubridor fue el astrónomo norteamericano James Gibson, quien vivió en El Leoncito durante varios años como parte del convenio con la Universidad de Yale para la operación del Observatorio. Mr. Spock era un gato atigrado de pelo corto anaranjado, que acompañó a los Gibson en sus sucesivas aventuras astronómicas en California, Connecticut, Sudáfrica y Argentina. Según leemos en la descripción depositada por Gibson en la Unión Astronómica Internacional como parte del homenaje, Mr. Spock era "imperturbable, lógico, inteligente y con orejas puntiagudas". Igual que el personaje de la tele.

(6673) Degas
(6674) Cezanne
(6675) Sisley
(6676) Monet
(6677) Renoir
(6678) Seurat

Y hay más, es de nunca acabar. Hay montones de plantas y árboles, por ejemplo. Hay también numerosos héroes griegos y troyanos de la Ilíada que designan a los *asteroides griegos y troyanos* de Júpiter, inclusive con algunas curiosidades que comentaré más adelante.

Con la construcción de grandes telescopios robóticos dedicados exclusivamente al descubrimiento de asteroides (particularmente de aquéllos con órbitas que los traen cerca de la Tierra) la cuenta de asteroides alcanza ya el millón, la inmensa mayoría de ellos sin nombre propio. La base de datos se mantiene en el Centro de Planetas Menores de la Unión Astronómica Internacional, en la Universidad de Harvard. Allí se puede descargar la lista completa en un enorme archivo de texto, que contiene no sólo los nombres sino todos los datos orbitales. También en la Wikipedia hay una lista de asteroides con nombres (no sé qué tan completa, pero pueden ayudar; yo mismo agregué a Balseiro y a Favaloro). Hay para entretenerse.

Julieta no está entre los asteroides. Existe (1285) Julietta (pero el personaje de Shakespeare se llama Juliet, no Julietta, que por otra parte no es el nombre de la esposa ni de la hija de su descubridor...). Juliet está en el cielo, sin embargo: es una luna de Urano. Romeo no está por ningún lado en el sistema solar. Una gran injusticia.

B612

¿Qué se ve en esta foto?

Los que contesten "la Isla de los Pájaros, en la Península Valdés" aciertan. Los que contesten "una boa constrictor digiriendo un elefante" también. Los que contesten "un sombrero", pierden.

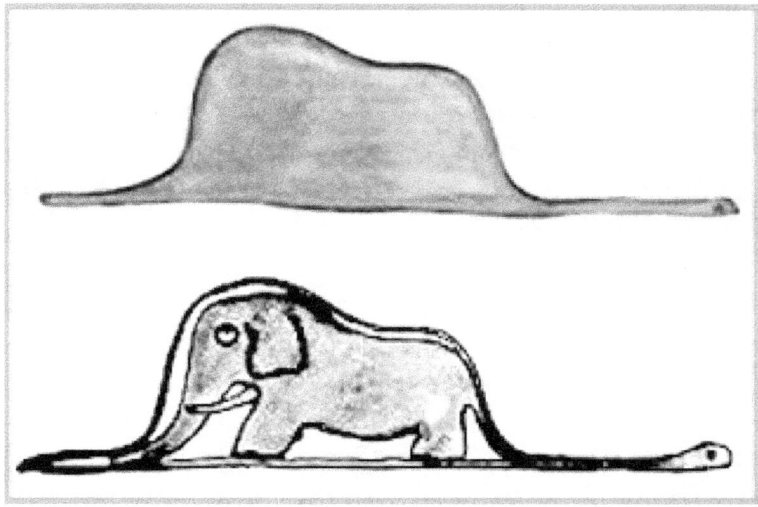

Se trata efectivamente de la Isla de los Pájaros (estirada verticalmente), que se encuentra en el Golfo San José, junto al istmo Carlos Ameghino (hermano de Florentino) que conecta la Península Valdés con el continente. Es sorprendentemente parecida al dibujo infantil del narrador de *El Principito*, la poética novelita de Antoine de Saint-Exupéry. ¿Recuerdan? El niño dibujaba una boa constrictor digiriendo un elefante, y cuando se la mostraba a los mayores le decían que era un sombrero. Cuando se la mostró al Principito, por supuesto, éste le dijo *"No quiero una boa constrictor digiriendo un elefante. Quiero un cordero. ¡Dibújame un cordero!"*. ¿Se trata de una coincidencia, o es posible que Saint-Exupéry conociera esta isla?

Antoine de Saint-Exupéry fue, además de escritor, pionero de la aviación, como pueden sospechar los lectores de *El Principito*, que comienza con un piloto que se estrella en el Sahara, cosa que realmente le ocurrió a Saint-Exupéry durante la Segunda Guerra Mundial. Aún antes había sido piloto de Aeropostal —la primera empresa de transporte aéreo francesa— y participado en empresas subsidiarias de ésta en otras partes del mundo. Entre ellas, fue piloto y director de Aeroposta —la primera empresa de transporte de pasajeros y carga de la Argentina, y que finalmente acabaría dando lugar a Aerolíneas Argentinas. Aeroposta brindaba unos pocos servicios. Saint-Exupéry voló muchas veces el tramo Buenos Aires-San Antonio Oeste-Comodoro Rivadavia-Río Gallegos. Sus experiencias en la Patagonia son la base de su novela *Vuelo Nocturno*. El aeropuerto de San Antonio Oeste lleva hoy su nombre, así como uno de los picos del macizo Chaltén (donde también están los nombres de Jean Mermoz y Henri Guillaumet, compañeros de Saint-Exupéry en los vuelos postales patagónicos). La Península Valdés se encuentra a un par de cientos de kilómetros al sur de San Antonio, y desde el aire es una forma tan atractiva que es seguro que Saint-Exupéry debe haberle dado vueltas más de una vez, y debe haber visto la Isla de los Pájaros. En cierta ocasión, volando de Buenos Aires a Ushuaia, el avión se inclinó hacia un lado al tiempo que se escuchó la voz del comandante: *"Los pasajeros de la derecha pueden ver la Península Valdés. Los pasajeros de la izquierda pueden ver cómo los pasajeros de la derecha ven la Península Valdés"*. Todavía me da risa, a pesar de las décadas transcurridas. Así me lo imagino a Antoine, inclinando el avión para ver mejor.

Según cuenta el narrador, el Principito venía de otro "planeta", del asteroide B612, que ya mencionamos en el capítulo anterior. ¿Existe el asteroide B612, o es un mundo salido de la imaginación de Saint-Exupéry? ¡Las dos cosas! Los asteroides no tienen nombres como "B612", con una letra y un número. Cuando se los descubre se les da una designación provisoria, y cuando se determina su órbita con razonable precisión reciben un número: un número de orden en una larga lista que hoy en día tiene como un millón de miembros. Además su descubridor, si así lo desea, puede solicitar que se le asigne un nombre propio, como ya contamos.

"B612" no es un número en el sistema de numeración decimal, pero en el sistema hexadecimal (habitual en ciertas tareas informáticas) B612 sí es un número. Así como en el sistema decimal existe un símbolo para cada uno de los 10 dígitos del 0 al 9, en el hexadecimal hay un símbolo para cada "dígito" del 0 al 15. Del 0 al 9 coinciden con los del decimal (los dígitos indoarábigos). Y para los restantes se usan letras mayúsculas: A para el 10, B para el 11... C, D, E y F para el 12, 13, 14 y 15. Así que B612 es un número de 4 "dígitos" en sistema hexadecimal. Y ¿a qué número del sistema decimal corresponde? B612 es el 46610 en decimal. Puede probarlo con la calculadora de Windows: seleccione el modo "Programador" y elija "Hex" donde se puede elegir el sistema de numeración. Teclee B612 y vuelva a "Dec". El número se convierte en el 46610 del sistema decimal. El asteroide 46610 existe: es un asteroide del cinturón principal descubierto en 1993 por un astrónomo aficionado japonés. En francés, B612 se lee "be-six-douce", es decir "be-seis-doce". De manera que, para completar la similitud con la novela, se le puso el nombre Besixdouze. Se pronuncia *besisdús*.

(46610) Besixdouze no es el único asteroide que hace referencia a El Principito. Como ya contamos, cuando se descubrió un asteroide satélite alrededor de (45) Eugenia, se le puso el nombre Petit-Prince (nombre completo: (45) Eugenia I Petit-Prince). El nombre de (45) Eugenia remite a la Emperatriz Eugenia, esposa de Napoleón III de Francia y madre del Príncipe Imperial, heredero del trono y cuya muerte a temprana edad en África fue un evento muy dramático en Europa (un poco como la muerte de Lady Di). Se dice que el personaje de El Principito está en parte inspirado en el Príncipe Imperial, aunque también está basado seguramente en el propio Antoine de niño, de familia noble y rubia cabellera ensortijada.

Por otra parte, existe también el asteroide (2578) Saint-Exupéry. El escritor/piloto vuela así perpetuamente entre Marte y Júpiter, tal como su personaje.

La guerra de Troya

Muy lejos del mar Egeo, a millones de kilómetros de las costas de Asia Menor, siguen persiguiéndose sin pausa héroes griegos y troyanos. Ya se sabe: Aquiles, Agamenón, Menelao, Patroclo, Odiseo, Áyax, Néstor y tantos otros entre los aqueos, mientras que se cuentan Héctor, Príamo, Eneas, Troilo, Paris, Laocoonte y sus amigos entre los ilíacos.

¿Y esto qué tiene que ver con la astronomía? ¿Me equivoqué de libro? No. Se trata de los *asteroides troyanos*. Forman dos enjambres que orbitan el Sol en unas órbitas peculiares, parecidas a la de Júpiter pero un poco por delante o por detrás del planeta gigante.

Cuando un cuerpo gira alrededor de otro, como un planeta alrededor del Sol, existen ciertos lugares en el espacio donde —por decirlo así— se compensan las atracciones gravitatorias de ambos cuerpos. Un tercer cuerpo ubicado allí, entonces, orbita el Sol a la misma velocidad que el planeta, manteniendo su posición con respecto a éste. Estos lugares se llaman *puntos de Lagrange*, y fueron descubiertos por el gran Joseph Louis Lagrange en el siglo XVIII. Hay tres de estos puntos (llamados L_1, L_2, L_3) que son "inestables"; es decir, el tercer cuerpo se quedaría un tiempo cerca pero a la larga cambiaría de órbita. Pero los otros dos (L_4 y L_5) son estables, y uno puede quedarse allí flotando tranquilamente por toda la eternidad. Como se ve en la figura, los puntos L_4 y L_5 forman los vértices de dos triángulos equiláteros que tienen al Sol y al planeta en los otros vértices. Así que las órbitas de los puntos L_4 y L_5 están a 60° por delante y por detrás del planeta.[18]

---

[18] Los puntos de Lagrange son puntos solamente si la órbita es circular. Como las verdaderas órbitas planetarias son elípticas, los "puntos" se estiran un poco. La explicación de por qué existen estos puntos se las debo; algunos son más fáciles de explicar que otros. Los lectores más interesados en cuestiones matemáticos pueden encontrar una demostración simplificada de la existencia de los puntos de Lagrange en mi libro de texto: *Curso de Mecánica Analítica*, Abramson G (KDP, 2022). Es fundamental recordar que el planeta y la estrella están *girando* ambos alrededor del baricentro del sistema. Ciertamente, no habría más que un punto de equilibrio (cercano a L_1) si el sistema estuviese quieto, y por supuesto sería inestable.

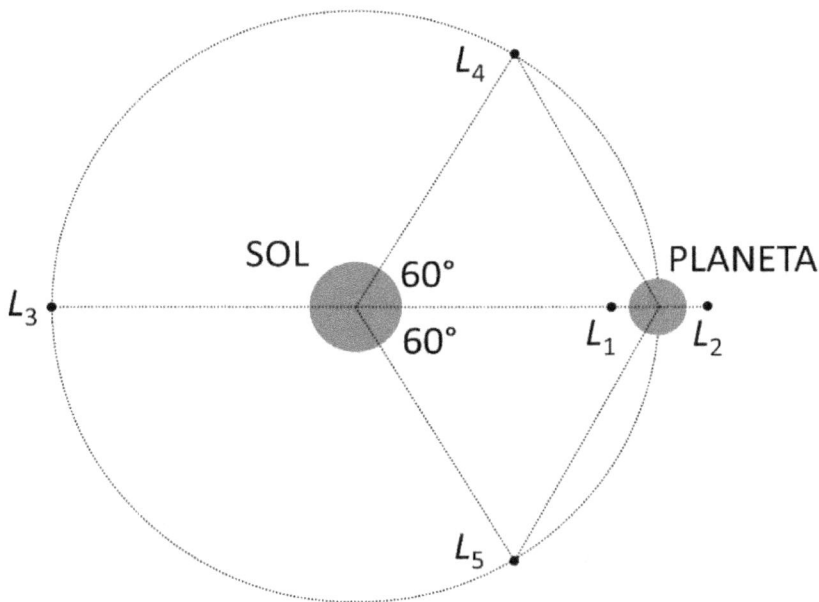

En los puntos de Lagrange L_4 y L_5 de Júpiter residen estos asteroides. No están *exactamente* en L_4 y L_5, por una variedad de razones, sino que forman unos bonitos "casquetes" alrededor de ellos. Se conocen miles, y se estima que son cientos de miles. Por tradición llevan nombres de héroes de la Guerra de Troya: los griegos en L_4 y los troyanos corriéndolos atrás, en L_5. El nombre "asteroides troyanos", o simplemente *troyanos*, se aplica a ambos grupos sin mayor rigor, para horror de los clasicistas. Un astrónomo, por ejemplo, puede decir sin empacho que el primer troyano fue Aquiles.

Pero ¡ay! las cosas no son siempre tan sencillas en la nomenclatura de los asteroides. Hay espías: nada menos que Patroclo está infiltrado entre los troyanos. ¡Y Héctor está en el campo griego! En cuanto Aquiles se dé cuenta, lo mata y lo arrastra alrededor de las murallas.

¿Y las chicas? En la Ilíada abundan las mujeres. Pero la guerra, para los griegos, era cosa de hombres. Así que las mujeres miran de lejos. Helena desde Saturno (su abuelo), mientras que otras, como Hécuba y Cassandra, son asteroides del cinturón principal.

Por supuesto, la mecánica celeste no impide que otros planetas también tengan "troyanos". Y como en la naturaleza *todo lo que no está prohibido es obligatorio*,[19] era sólo cuestión de tiempo hasta que se los descubriera. Finalmente en 1990 el gran cazador de cometas David Levy descubrió el primer troyano de Marte, bautizado apropiadamente Eureka. Hoy se conocen troyanos de Neptuno, de Marte y, desde 2011, de la Tierra. Sí señor, el asteroide con designación provisional 2010 TK7, descubierto en 2010, ha sido confirmado por el observatorio espacial WISE como el primer troyano de la Tierra, orbitando en L_4 delante nuestro (en una órbita bastante inclinada con respecto a la de la Tierra). Los nombres de los troyanos de otros planetas no guardan ninguna relación con la Ilíada. En particular, en algún momento habrá que darle un nombre a 2010 TK7. Yo propongo usar nombres de hijos de Gaia ("Gea"), la diosa griega identificada con la Tierra. Podrían ser titanes o gigantes, aunque muchos de sus nombres ya están usados. *Caribdis*, el monstruo marino que vive en el estrecho de Mesina, me gusta. En 2022 se descubrió el segundo troyano de la Tierra, el asteroide 2020 XL5.

Y no sólo hay asteroides troyanos. También hay *lunas troyanas*. Saturno, con su superpoblado vecindario, tiene dos pares. Acompañando a Tetis van Telesto y Calypso, y en los puntos de Lagrange de Dione se acomodan la ya mencionada Helena y Polydeuces. Helena está en el punto L_4. No sé si esto la hace troyana o griega, pero bueno, ese fue el problema.

Se ha propuesto seriamente que cuando se formó nuestra Luna, una "lunita" puede haber persistido durante algún tiempo en uno de los puntos de Lagrange, para colisionar finalmente (¡y *lentamente*! ¡qué espectáculo!) con la parte mayor, explicando así el muy distinto aspecto de los dos hemisferios lunares.

Los puntos de Lagrange L_1 y L_2 de la Tierra, si bien inestables, son muy útiles para la astronomía espacial ya que son convenientes lugares de estacionamiento de observatorios. L_1, que está a unos 1.5 millones de kilómetros hacia el Sol, nunca recibe sombra de la Tierra ni de la Luna, así

---

[19] La *ley democrática de la naturaleza* (todo lo que no está prohibido es obligatorio) se la escuché enunciar a Leon Lederman, descubridor del neutrino, hace muchos años en una conferencia en el Balseiro.

que es adecuado para observatorios solares. Allí están el Observatorio Solar y Heliosférico (SOHO), y el Advanced Composition Explorer y el WIND (que miden el viento solar).

Estacionados en L_2 y mirando hacia el otro lado está el magnífico WMAP (ya decomisado) y los observatorios Herschel, y Planck y Gaia, y el sucesor del Hubble, el telescopio espacial James Webb.

El punto L_3 de la Tierra es muy inestable (más aún que L_1 y L_2, por acción de Venus) pero tiene un sugestivo halo de misterio al encontrarse del otro lado del Sol. Por eso es un lugar favorito tanto de la ciencia ficción como de las teorías conspirativas, un lugar adecuado para esconder una anti-Tierra, o una nave espacial alienígena que nos espía...

La Luna y el maratón

La Luna llena de septiembre de 2011 tuvo algo interesante, relacionado con un aniversario notable, un número redondo que poca gente recordó. 2500 años antes, una mañana de verano, las fuerzas combinadas de Atenas y Platea derrotaron en Maratón un ejército de invasión persa que los superaba abrumadoramente en fuerzas. Tras la agotadora batalla un soldado ateniense corrió 40 y pico kilómetros sin parar y al llegar a Atenas cayó redondo. Con su último aliento despachó el tranquilizador mensaje: "¡Ganamos!" y murió. Los Juegos Olímpicos de la Era Moderna recuerdan esa famosa carrera con la que se ha convertido en paradigma de las carreras de fondo, el maratón de 42 kilómetros 195 metros.

¿Qué tiene que ver la Luna en todo esto? Resulta que la fase de la Luna se ha usado para calcular la fecha de la famosa batalla ya que Heródoto, pocos años después, dio una importante referencia astronómica en su reseña de los hechos. Según parece, cuando los persas desembarcaron en Maratón los atenienses consideraron que sus 9000 infantes serían insuficientes para repeler la invasión y pidieron ayuda a las ciudades vecinas. Platea contribuyó 1000 hombres, ganándose la eterna gratitud de Atenas. Para pedir ayuda a Esparta fue despachado un tal Feidípides, corredor profesional de larga distancia. Corrió sin parar los 246 kilómetros de Atenas a Esparta y llegó al día siguiente. Dice Heródoto (permítanme que desenrolle su Sexto Libro de la Historia):

«Los espartanos, conmovidos por el mensaje y deseosos de ayudar, no pudieron hacerlo de inmediato por una cuestión legal. Era el noveno día del mes, y no podían movilizar sus tropas hasta que la Luna estuviera llena.»

Los estudiosos sostienen que la prohibición de sacar al ejército de la ciudad corresponde a la festividad de Cárneas, una celebración de Apolo que imponía una tregua militar, y que finalizaba con la Luna llena. El calendario de los griegos, como el de muchos otros pueblos antiguos, era lunar. El año se dividía en meses que comenzaban con la Luna nueva. Así que en el noveno día del mes faltaban unos seis días para la Luna llena y el envío de asistencia. Feidípides regresó a Atenas con la mala noticia y debieron enfrentar a los persas en condiciones muy desfavorables. Aún así los atenienses (mediante el uso de la hoy famosa *maniobra de pinzas*) masacraron a los persas con mínimas bajas. Después de la batalla el mismo Feidípides, o tal vez Filípides, o algún otro (Heródoto no cuenta esta historia, y reseñas posteriores no se ponen de acuerdo) corrió por última vez para llevar a Atenas la buena noticia. Heródoto también dice que dos mil espartanos armados hasta los dientes salieron de su ciudad apenas terminó la festividad, y que en el tercer día a toda marcha llegaron a Maratón apenas un día tarde.

A mediados del siglo XIX un clasicista alemán llamado August Böckh se puso en contacto con un famoso astrónomo, Johann Encke, para pedirle que calculara las fases lunares del año 490 a. C. y así poder establecer la fecha de la batalla. Hoy en día cualquiera puede hacerlo usando un software gratuito de astronomía como Cartes du Ciel o Stellarium. Bueno, basado en el cálculo de Encke, Böckh concluyó que la batalla de Maratón había ocurrido el 12 de septiembre del año 490 a. C.

Hace pocos años un equipo de astrónomos disputó esta fecha, ya tradicional. Dicen que Böckh erró al calcular la fecha por usar el calendario ateniense, cuando en realidad debió usar el calendario espartano. Aun sin ser un especialista esto parece muy razonable, ¿no? Veamos los detalles.

Las Cárneas se celebraban en Atenas durante el segundo mes del año, y el año comenzaba con la primera Luna nueva *después* del solsticio de verano. Estas son las fechas calculadas por Encke:

- 27 de junio: Luna nueva
- 29 de junio: Solsticio de verano (calendario juliano, no gregoriano, a no asustarse)
- 26 de julio: Luna nueva de comienzo del año
- 9 de septiembre: Luna llena del segundo mes
- 12 de septiembre: batalla de Maratón y carrera triunfal/fatal de Feidípides

Como se ve, hay casi un mes entre el solsticio y el comienzo del año, ya que hubo Luna nueva apenas dos días antes del comienzo del verano. Aquí se origina, dicen los astrónomos, el problema. Resulta que los espartanos comenzaban el año en otro momento, aparentemente con la Luna nueva que seguía al equinoccio de otoño (los espartanos eran menos amantes de la ciencia que los atenienses, así que sobre este asunto hay inclusive ciertas dudas). En tal caso, celebraban las Cárneas durante su décimo primer mes. Y las fechas resultan:

- 29 de septiembre de 491 a. C.: Equinoccio de otoño
- 4 de octubre: Luna nueva, comienzo del año
- ...
- 27 de junio: Luna nueva, comienzo del décimo mes (¡atentos!)
- 26 de julio: Luna nueva, comienzo del décimo primer mes
- 4 de agosto: Feidípides llega a Esparta en el noveno día del mes
- 10 de agosto: Luna llena, final de las Cárneas
- 11 de agosto: Las tropas de Esparta salen de la ciudad a toda marcha
- 12 de agosto: Batalla de Maratón y carrera de Feidípides
- 13 de agosto: Los espartanos llegan a Maratón

La situación es similar a la del fenómeno usualmente llamado *Blue Moon*: una cuarta Luna llena durante una estación del año. Normalmente hay tres lunas por estación, pero como en un año solar no hay exactamente 12 lunas sino un poco menos (el mes lunar dura 29 días y medio), cuando la Luna llena (o la nueva, en este caso) cae muy poco después del comienzo de estación, "cabe" una luna más. Es lo que pasó en el año espartano, que quedó desfasado del ateniense. Si ocurrió así, la batalla de Maratón ocurrió en pleno verano, no en el otoñal septiembre, y la elevada temperatura sumada al esfuerzo del combate y la carrera posterior podrían fácilmente haber agotado hasta la muerte al pobre Feidípides.

Resumiendo: Feidípides muy probablemente existió y corrió de Atenas a Esparta en busca de ayuda. Esparta no acudió de inmediato sino que esperó hasta la Luna llena. Atenas y Platea masacraron contra toda probabilidad a los persas (las fuentes antiguas hablan de cientos de miles de persas). Así se consolidó la supremacía de la democracia ateniense, pavimentando el camino para el Siglo de Oro, con toda su importancia para nuestra civilización. El mismo Feidípides, u otro, o inclusive ninguno, corrió de Maratón a Atenas, ganando fama eterna e inspirando a Pierre de Coubertin para bautizar a la más famosa de las carreras cuando organizó los nuevos Juegos Olímpicos en 1896. En todo caso, 29.5 días más o menos, 2500 años eran para celebrar.

Curiosidades varias, que no puedo dejar de compartir

Los 2500 años se cumplieron *en 2011*. No el año anterior, 2010 (como dijeron algunos apurados), a pesar de que 490 + 2010 = 2500. Esto es así porque no existe el año cero en nuestro registro histórico. Qué se le va a hacer. Piénsenlo, es sencillo.

Heródoto dice también que, volviendo de Esparta, Feidípides se encontró con el dios Pan, quien prometió ayudarlos infundiendo en los persas lo que llamamos *pánico*.

Para detallistas: del 26 de julio al 4 de agosto hay 10 días, no 9. Se cree que el mes comenzaba cuando era visible la *primera luna*, lo cual en general ocurre al día siguiente de la luna nueva, ya que la luna nueva está demasiado cerca del Sol.

Leí por primera vez la historia de Feidípides en uno de los excelentes libros infantiles de Monteiro Lobato, tal vez a los 8 o 9 años de edad. El brasileño, curiosamente, compara la negativa espartana de movilizar a sus tropas con la superstición del número 13. La religión de unos es la superstición de otros.

Desde hace algunos años se corre una carrera de 250 kilómetros llamada *espartatlón*, en conmemoración de la que *sí* corrió Feidípides. Los tiempos de los ganadores son de alrededor de un día (el récord es de 20 horas y pico) de manera que la historia de Heródoto es verosímil.

La última palabra pronunciada por Feidípides para anunciar la victoria fue *nenikékamen* (ganamos). En el medio de esta palabra griega se reconoce una famosa marca de zapatillas que quiere decir, precisamente, "victoria".

Amaneceres y atardeceres

Todos los años, alrededor del 21 de marzo y del 23 de septiembre, se producen los equinoccios de otoño y primavera australes (al revés los boreales). Esos días, como todos los días, sale el Sol. ¿Por dónde? Por el Este, como aprendimos en la escuela. Ah, que bien. ¿Pero no sale siempre por el Este?

No.

El Sol nos brinda todos los días dos estupendos eventos astronómicos, con menos prensa que los mucho más notables eclipses, pero que por su frecuencia son más fáciles de observar. Y hay un montón de cuestiones astronómicas interesantes para apreciar en estos fenómenos diarios.

Una de las cosas fáciles de observar es precisamente *el punto de aparición del Sol al amanecer (o de su puesta al ocaso)*. El Sol, muy a pesar de lo que nos enseñaron en la escuela, sale por el Este y se pone por el Oeste solamente dos días en todo el año. Es durante los equinoccios, los días que marcan el comienzo del otoño y de la primavera. El resto del año el Sol sale más al Norte o más al Sur. Las fotos de la página anterior, tomadas desde mi balcón, muestran el punto de salida del Sol el día del comienzo del invierno (arriba), el día del comienzo de la primavera (medio) y el día del comienzo del verano (abajo).

Este fenómeno se debe a que el eje de rotación de la Tierra está inclinado con respecto a la órbita. Esta inclinación es constante, no cambia a lo largo del año, de manera que el hemisferio norte se inclina hacia el Sol durante nuestro invierno, y el hemisferio sur se inclina hacia el Sol durante nuestro verano. Esto hace que, durante nuestro invierno, el sol salga más al Norte (ya que el polo norte es el que está apuntando hacia el lado del Sol). Y durante el verano el Sol sale más al Sur (ya que el polo sur es el que está apuntando hacia el lado del Sol). Durante los equinoccios el eje de la Tierra no se inclina hacia el Sol. Sigue inclinado como siempre respecto de la órbita, pero no hacia el Sol sino de costado. ¿OK? Entonces sólo durante los equinoccios el punto de salida del Sol no se corre hacia el Norte ni hacia el Sur. En la figura al tope de esta página están representados los tres casos, mostrando la dirección hacia el Sol con una flecha. Obviamente, es la dirección hacia el Sol durante todo el día, sólo que al amanecer o al atardecer es más fácil darse cuenta de que esa dirección está más al Norte o más al Sur.

Estrictamente esto es así si uno está *justo parado en el ecuador*. En Bariloche, por ejemplo, a 41° de latitud sur, el Sol está un pelín al Sur. Como el punto de salida se está moviendo hacia el Sur, sale más cerca del Este el día 22. Si estás en el hemisferio norte, sale por el Este el día 24.

Las dos estaciones de Bariloche

Todos los años, alrededor del 21 de marzo, termina el verano y empieza el otoño en el hemisferio sur. A veces me preguntan si el hecho de que febrero tenga 28 días, y agosto 31, no hacía que los veranos de nuestro hemisferio fuesen más cortos que los del hemisferio norte. La codicia de los emperadores romanos por acumular días en julio y agosto no tiene nada que ver, pero ¡ay! nuestro verano *sí es* bastante más corto que nuestro invierno. ¿Cómo? ¿Será verdad lo que dice el viejo chiste con el que se quejan en algunos pueblos: "uf, acá hay sólo dos estaciones, el invierno y la del ferrocarril"?

A manera de ejemplo, veamos las fechas para el año 2023:

Equinoccio vernal: 20/3/2023
...seguido por 93 días de otoño hasta el...
Solsticio de invierno: 21/6/2023
...seguido por **¡93 días de invierno!** hasta el...
Equinoccio de primavera: 22/9/2023
...seguido por 91 días de primavera hasta el...
Solsticio de verano: 22/12/2023
...seguida por **¡89 días de verano!** hasta el siguiente...
Equinoccio vernal: 20/3/2024

El invierno es ¡un 5% más largo que verano!

La razón de esta desigualdad no obedece a razones geopolíticas, sino a la fría ciencia astronómica. La explicación tiene dos partes: la forma de la órbita de la Tierra, y la ubicación de los solsticios y equinoccios en esta órbita. Vayamos por partes.

Parte 1: La forma de la órbita

La órbita de la Tierra alrededor del Sol no es un círculo sino una elipse. Ya han aparecido las elipses por aquí, desde el capítulo sobre Kepler (descubridor de las órbitas elípticas) hasta las lunas llenas de distinto tamaño. Una elipse, contamos, es como un círculo con dos centros, llamados *focos*.

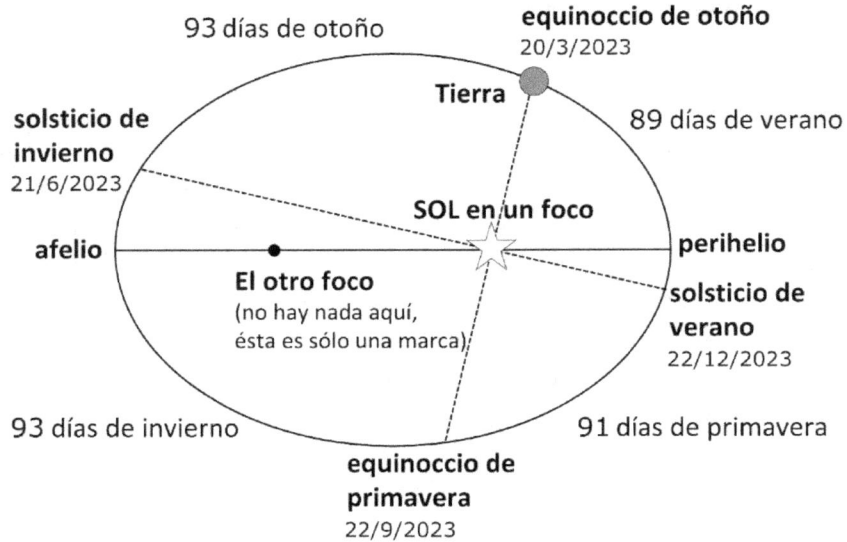

En esta imagen están representadas las órbitas de los planetas interiores. La órbita de Mercurio es más ovalada todavía (se dice más *excéntrica*), y se nota a simple vista. El Sol está en uno de los focos de cada órbita planetaria; en el otro foco no hay nada. El momento de máximo acercamiento al Sol se llama *perihelio*, y el de la Tierra ocurre el 5 de enero. El máximo alejamiento es llama *afelio*, y el de la Tierra ocurre el 4 de julio. La Tierra, claro, se mueve un poco más rápido cuando está más cerca del Sol, y más lento cuando está más lejos, siguiendo las leyes de Kepler, como ya hemos mencionado.

Parte 2: La Tierra inclinada

Los solsticios y equinoccios no tienen relación con la forma elíptica de la órbita. Dependen de la inclinación del eje de la Tierra con respecto a su órbita, de la que hablábamos en el capítulo anterior. Es decir, también el *plano del ecuador* de la Tierra está inclinado con respecto al plano de la órbita. Estos dos planos se cortan, como dos planos que se cruzan, obviamente a lo largo de una recta, que apunta por un lado a la constelación de Piscis y por el otro a Libra. Es una recta fija (bueno, va rotando *muuuuy* lentamente) y apunta todo el año para el mismo lado. La Tierra la "arrastra" a lo largo de la órbita, sin cambiarle su orientación. El día del equinoccio esta recta pasa, además, por el Sol. En este diagrama está representada la órbita de la Tierra exagerando su excentricidad, para que se vea mejor el efecto (en la verdadera órbita los dos focos están más juntitos). En el momento del equinoccio la Tierra está donde marca el circulito en el diagrama. En ese momento el plano del ecuador terrestre corta el plano de la órbita a lo largo de la línea punteada (el Sol, entonces, brilla directamente sobre el ecuador). Así dando toda la vuelta, la relación entre el ecuador y la órbita determina las estaciones, cuyos comienzos están también marcados en el diagrama.

Juntando las partes: Una desafortunada coincidencia

Miren las fechas: el perihelio ocurre pocos días después de nuestro solsticio de verano. Como resultado, la Tierra recorre nuestro verano al trotecito, mientras que nuestro invierno lo recorre al paso. Y nos tocan 6 días más (en 2023) de otoño-invierno que de primavera-verano.

Alguien dirá: *"Ah, pero en nuestro verano el Sol está más cerca, y calienta más. Así que será corto, pero bueno."* Tal vez. El Sol está un 3% más cerca en nuestro verano que en el del hemisferio norte (¡mucho menos que lo que se ve en el diagrama!). Es muy poquito, y su efecto es casi imperceptible frente a otras cuestiones que afectan la temperatura de nuestras estaciones, como la distribución de los océanos y continentes, las corrientes marinas, la meteorología, etc. Así que no hay tutía: acá el invierno es más largo.

La órbita de Plutón

Hay una ilusión interesante relacionada con la órbita de Plutón. En general la vemos representada como mirando el sistema solar desde "arriba", como en esta ilustración. Aquí vemos el Sol en el medio de la imagen, y a su alrededor las órbitas de los cuatro planetas gigantes, casi circulares: Júpiter, Saturno, Urano y Neptuno. La órbita de Plutón es mucho más ovalada: es una elipse muy excéntrica. Todas las órbitas de los planetas y de los satélites son elipses, como descubrió Kepler hace 400 años y ya hemos mencionado. Algunas son más excéntricas que otras, y la de Plutón es bastante ovalada, como se ve a simple vista. Además, parece cruzarse con la de Neptuno. ¡A ver si chocan!

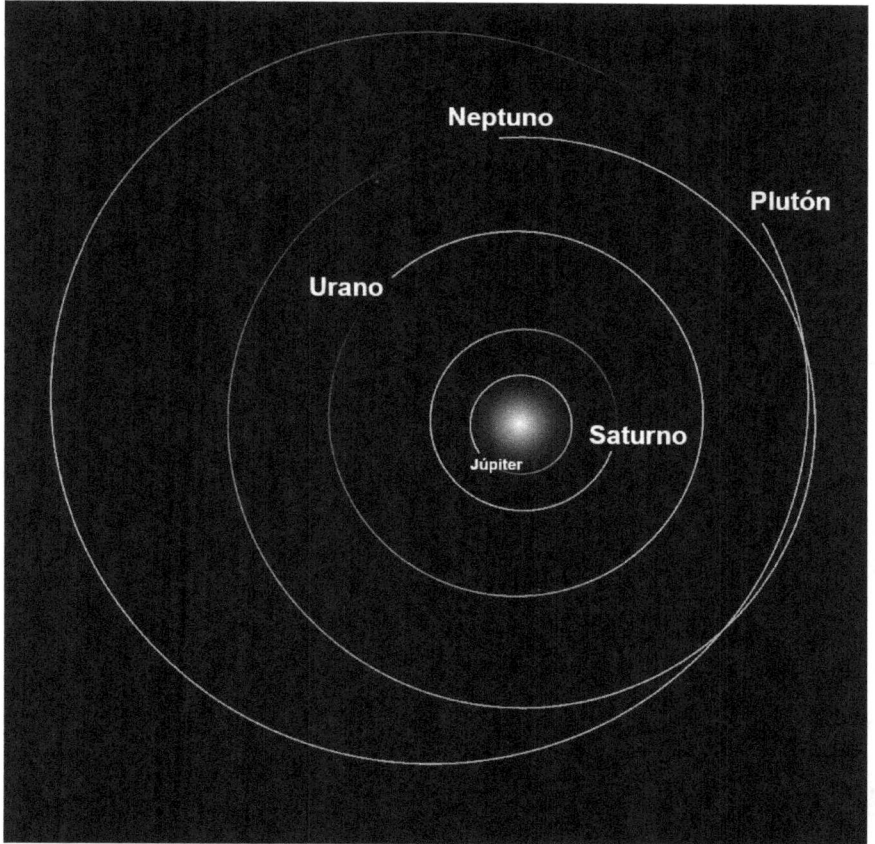

El Sol está en un foco de la elipse, no en el centro, de manera que la distancia de Plutón al Sol cambia mucho a lo largo de su "año". Cambia tanto que a veces, efectivamente, está más cerca del Sol que Neptuno. En este gráfico puse la distancia al Sol de ambos, a lo largo del tiempo empezando en 1930 (fecha del descubrimiento de Plutón). La órbita de Neptuno es redondita, y su distancia al Sol es casi constante alrededor de 30 u.a. (unidades astronómicas, línea negra). La de Plutón varía muchísimo: entre 30 y 50 u.a. (línea roja). Ahora se está alejando del Sol, y lo seguirá haciendo hasta principios del siglo que viene.

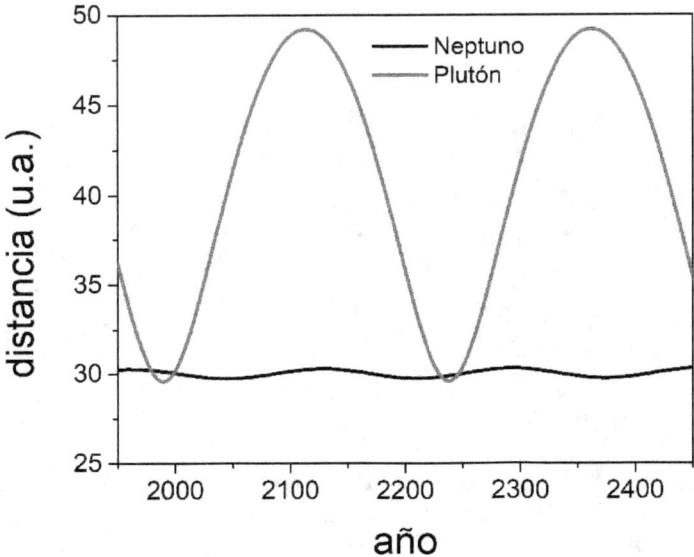

El cruce de las órbitas, sin embargo, es ilusorio. Mirando el sistema solar "de costado" (desde el plano de las órbitas de los planetas) se ve como en la siguiente figura. La órbita de Plutón no sólo es *mucho más ovalada* que la de los planetas, sino que está *muy inclinada*. Aunque mirando "desde arriba" las órbitas de Plutón y de Neptuno parecen cruzarse, en realidad están siempre bastante lejos. En esos "cruces" la órbita de Plutón está separada de la de Neptuno por unas 8 unidades astronómicas en dirección vertical.

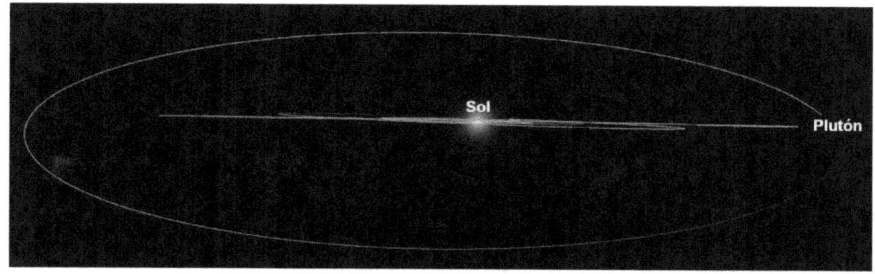

La órbita de Plutón es tan rara que los astrónomos sospecharon desde su descubrimiento que había algo especial. Pero recién a fines del siglo XX se descubrió la razón: Plutón forma parte de un enorme enjambre de cuerpos menores, llamado *cinturón de Kuiper*.[20] Esta es la razón por la cual ha perdido su categoría de planeta. Lo mismo le ocurrió a Ceres, como hemos contado, el primero de los asteroides descubiertos, y clasificado inicialmente como planeta, con nombre de una diosa importante y todo. Cuando resultó evidente que era parte de un enjambre peculiar (el cinturón de asteroides), Ceres perdió su rango planetario. Lo mismo ocurrió con Plutón, sólo que tardaron décadas en descubrir a sus familiares, y ya nos habíamos acostumbrado a contarlo entre los planetas. De hecho ya había ocurrido mucho antes, sólo que nos vamos olvidando: hace casi 500 años Copérnico dijo: "El Sol y la Luna no son planetas". Bang. Dos planetas —de los siete "clásicos"— de un golpe. Su libro terminó en el Index de los Libros Prohibidos, y la semana todavía tiene siete días, uno por cada "planeta". Volveremos sobre estos vaivenes planetarios en el próximo capítulo.

Bueno, pero, ¿podrían chocar Plutón y Neptuno? No. Plutón y Neptuno bailan una especie de vals, llamado *resonancia 3:2*. En el tiempo en que Neptuno da tres vueltas alrededor del Sol, Plutón da dos vueltas. Neptuno hace *pum-pa-pa* (tres tiempos, dije que era un vals) al tiempo que Plutón hace *poom-poom*. Si tienen alguien al lado pueden cantarlo, o tratar de bailarlo (¡sin chocar!). Esta resonancia hace que Plutón y Neptuno nunca se encuentren muy cerca, a pesar del "cruce" de sus órbitas. Si pueden

---

[20] Yo siempre pronuncio "kuíper". En inglés dicen "káiper". Gerard Kuiper era de origen holandés, así que probablemente pronunciaba algo así como "kóiper" (como Huygens, que se pronuncia "jóigens").

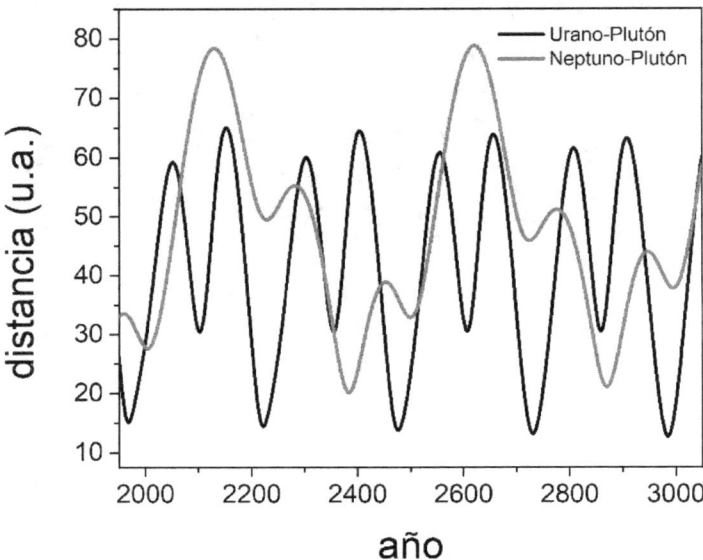

verlo (usando Celestia, por ejemplo) acelerando el tiempo, se entiende mucho mejor que contándolo. Plutón no es el único objeto del cinturón de Kuiper en resonancia 3:2 con Neptuno; se conocen varios (y debe haber más) y se los llama *plutinos*.

De hecho, Neptuno y Plutón están siempre tan alejados uno del otro que el planeta que más se acerca a Plutón no es Neptuno, ¡sino Urano! Apuesto a que si le preguntan a cualquier astrónomo profesional más de uno va a meter la pata. En el diagrama que aparece en esta página grafiqué la distancia de Plutón a Neptuno y de Plutón a Urano. Se ve que la curva negra, que muestra esta última, alcanza valores más chicos (unas 15 u.a.) que la curva roja (que no baja de 20 u.a.). De paso, se ve la resonancia 3:2 como una estructura de tres picos en la curva roja, que se repite a medida que Plutón y Neptuno bailan su vals.

Así en la Tierra como en el Cielo

1542. Todo el mundo sabe lo que es un planeta. Sin alumbrado público, a nadie que mire el cielo se le escapa que hay siete cuerpos celestes que se mueven con respecto a las estrellas. Se los conoce desde hace miles de años, tal vez decenas de miles de años. Son los *siete vagabundos*: el Sol, la Luna, Mercurio, Venus, Marte, Júpiter y Saturno. Uno por cada día de la semana (sábado y domingo cambiaron de patrono en el camino, pero en inglés todavía se los reconoce: *Saturday* y *Sunday*).

1543. Nicolás Copérnico publica un libro que pone todo patas arriba. Este canónigo polaco explica que esos movimientos son un efecto de perspectiva desde nuestro punto de observación. Planeta, lo que se dice planeta, hay que decirles a los que orbitan el Sol, que es tan grande y tan brillante que *obviamente* ocupa un lugar especial en el sistema del mundo. Y la Tierra es uno de ellos, aunque parezca mentira. Y la Luna no, sino que gira alrededor de la Tierra.

1780. Han pasado siglos desde la Revolución Copernicana. Todo el mundo sabe lo que es un planeta: Mercurio, Venus, la Tierra, Marte, Júpiter o Saturno. Son seis. El Sol y la Luna no, obvio.

1781. William Herschel, músico talentoso, descubre un séptimo planeta. El quinto y más grande llevaba el nombre del rey de los dioses, y el sexto, hasta entonces el más lejano, el de su padre. El nuevo vagabundo recibió (después de años de debate con matices políticos) el nombre del más antiguo de los dioses griegos: *Urano*. Todo el mundo sabe lo que es un planeta: uno de los siete vagabundos conocidos, o alguno de los que seguramente se seguirán descubriendo gracias al uso de los telescopios.

1789. Un nuevo metal, apenas descubierto, recibe el nombre de *uranio*, basado en el del nuevo planeta.

1801. El Padre Piazzi, sacerdote napolitano, descubre el octavo planeta, orbitando entre Marte y Júpiter. Le ponen el nombre de *Ceres*, una diosa olímpica importante.

1802. El Dr. Olbers, médico alemán, descubre el noveno planeta, que recibe el nombre de *Pallas*, por uno de los nombres de Atenea, la diosa sabia. ¿Por qué no le pusieron Atenea, directamente?

1803. Se descubren nuevos elementos químicos. La más abundante de las tierras raras recibe el nombre de **cerio** para agasajar el descubrimiento del sacerdote italiano. Un metal plateado es bautizado *paladio*. ¿Se estará estableciendo una tradición?

1804. Se descubre el décimo planeta, *Juno*. Como corresponde, recibe el nombre de una diosa importante, hija de Saturno, hermana de Júpiter, madre de Marte. ¡A la pipeta!

1807. El mismo Olbers descubre el decimoprimer planeta, nombrado *Vesta*, de acuerdo a la tradición mitológica. Pero los dioses importantes empiezan a escasear.

1808. Los químicos empiezan a sospechar. ¿Qué es un planeta? ¿Un vagabundo entre las estrellas del cielo? ¿Un cuerpo en órbita solar? ¿Cuántos más descubrirán? Qué raros los planetas octavo a decimoprimero, ¿no? Están medio amontonados entre Marte y Júpiter, ¡y son tan *chiquitos*! Por las dudas, empiezan a economizar nombres de elementos. Nada de "junio" ni "vestio".

1846. Le Verrier, Galle y Couch Adams descubren el decimosegundo planeta. ¡Ah, este sí es un planeta hecho y derecho! Lo llamaremos *Neptuno*, un dios súper importante que nos había quedado en el tintero. A ver qué hacen los químicos.

1870. Dimitri Mendeleev ordena los elementos químicos en su famosa tabla. Hay algunos huecos. ¿Qué hacer? Además de Neptuno, ¡se han descubierto más de un centenar de planetas pequeños! No hay tantos elementos químicos nuevos. Son tiempos confusos. William Herschel había propuesto que se los llamara *asteroides*, y nadie está seguro de qué es un planeta y qué no lo es. Pero Neptuno definitivamente se merecía un elemento. Mendeleev, mientras tanto, se retira de la vida académica para encontrar la fórmula del vodka perfecto.

1900. La situación de los planetas empieza a normalizarse. Sin necesidad de un pronunciamiento oficial, el sistema solar pasa a tener ocho planetas. Ceres, planeta por cien años, ya no lo es. Ceres y el enjambre de asteroides, se reconoce, son algo distinto. Son vagabundos en el cielo, sí señor; orbitan el Sol, sí; pero están muy amontonados y son muy chiquitos. Planetas son planetas, qué embromar.

1930. Clyde Tombaugh descubre el noveno planeta del sistema solar. ¡Chan! ¡Había más, entonces! *Plutón*, como se lo llamó apropiadamente (un dios importante, y además un nombre que empieza con "PL", las iniciales de Percival Lowell, el rico aficionado que impulsó su descubrimiento), Plutón, decía, está más allá de Neptuno. Bueno, la mayor parte del tiempo al menos. Fenómeno, no es un asteroide. Es chiquito, eso sí (aunque al principio se pensó que era grande como la Tierra), y con una órbita medio rara, pero bueno. Ya estábamos necesitando un planeta.

1940. Finalmente se hace justicia: se designa con el nombre de *neptunio* al primer elemento transuránido, ocupando uno de los huecos de la tabla de Mendeleev.

1941. En un artículo enviado a *Physical Review* se bautiza como *plutonio* un nuevo elemento. Parece que primero consideraron "plutio", pero sonaba medio mal. Así que fue plutonio. El *paper* es retirado por los autores antes de su publicación porque se descubre que uno de los isótopos del plutonio serviría para fabricar bombas nucleares (que finalmente se usaron para arrasar Hiroshima y Nagasaki). Así que el plutonio y su nombre no alcanzan estado público hasta después de la Segunda Guerra Mundial.

1991. Todo el mundo sabe lo que es un planeta. De niños aprendemos en la escuela a recitar rápido de memoria: Mercurio Venus Tierra Marte Júpiter Saturno Urano Neptuno y Plutón. Una lista que termina con una palabra aguda, dando una sensación de completitud y seguridad difícil de ignorar. Plutón hasta tiene un satélite, Caronte, ¡qué bonito!

1992. David Jewitt y Jane Luu descubren el segundo de los objetos transneptunianos, designado provisoriamente 1992 QB_1, ¡sesenta y dos años después de Plutón! ¿Se repetirá lo que pasó con los asteroides? Veinte años no es nada, pero sesenta y dos años es mucho tiempo. Plutón es un planeta es un planeta es un planeta. No vengan con cosas raras. Al pobre vagabundo nuevo no le ponen siquiera un nombre, y lo llaman simplemente QB1, pronunciado *Kiubiguán* (no confundir con Obi-Wan Kenobi). Lleva el número de orden 15760, una lista de "cuerpos menores" que empieza con (1) Ceres.

2005. Mike Brown descubre el décimo planeta (así fue anunciado), 2003 UB_{313}. Su número de orden es 136199. Apenas 12 años han pasado desde QB1, pero el número de cuerpos menores ha explotado a cientos de miles. El nuevo transneptuniano parece ser más grande que Plutón. Caramba. ¿Qué era un planeta?

2006. Nadie está seguro de lo que es un planeta. Mike Brown y su equipo han descubierto cantidad de objetos transneptunianos. Ya es evidente que existe un segundo cinturón de "asteroides" en el sistema solar, algo que había propuesto un astrónomo llamado Kuiper,[21] así que se lo empieza a llamar *cinturón de Kuiper*. Y que Plutón, el noveno planeta, debería ser reclasificado como miembro de este nuevo enjambre. El nombre "de entre casa" (el que usaban internamente sus descubridores) de UB_{313} había sido Xena (sí, la princesa guerrera de la tele), y tiene un satélite, que llamaban Gabrielle, como la amiga de Xena. Hubieran sido nombres buenísimos, y hasta Xena empieza con X, décimo numeral romano y excelente nombre para el legendario Planeta X. Es mitología televisiva, ¡pero estamos en el siglo XXI! Después de todo Plutón tiene el nombre de un dibujo animado (el perro *Pluto*; en castellano usamos formas distintas del mismo nombre, pero en inglés son iguales). Pero para su designación oficial Mike Brown eligió finalmente *Eris*: la diosa de la discordia. También es un buen nombre, que refleja el estado de discusión que se desató acerca de si era o no un planeta, y qué hacer con Plutón. El satélite de Eris recibió el nombre de *Disnomia* ("sin ley"), hija de Discordia. En inglés "sin ley" se dice *lawless*.

---

[21] Gerard Kuiper, en realidad, en 1950 sugirió que *no* debería existir una población de cuerpos menores más allá de Plutón. Fue el astrónomo uruguayo Julio Ángel Fernández quien, en 1980, argumentó que *sí* debería existir, calculando inclusive sus masas y otras características. Pero el nombre "cinturón de Kuiper" ya se ha impuesto en todos los ámbitos públicos, más aun a partir de la exitosa exploración de Plutón llevada a cabo por la sonda New Horizons en 2015.

¿Y cómo se llama la actriz neozelandesa que protagonizaba a Xena? Lucy Lawless. Todos contentos.

Agosto de 2006. La Unión Astronómica Internacional, tras acalorado debate (en el que jugó un papel protagónico el astrónomo uruguayo Julio Ángel Fernández, véase la nota en la página anterior), decide retirar a Plutón de la lista de planetas y dar una definición, un poco tirada de los pelos, de lo que es un planeta. El sistema solar tiene ocho planetas, y seguramente no más que ocho. Menos mal, porque todos los elementos químicos de la tabla periódica ya tienen nombre.

2016. Mike Brown contraataca, y propone que las peculiaridades orbitales de varios objetos transneptunianos sólo pueden ser explicadas por la existencia de un Planeta Nueve, aún no descubierto, grande (más grande que la Tierra), a cientos de unidades astronómicas del Sol. ¿Existirá realmente? Los astrónomos siguen buscándolo.

Curiosidades elementales

El uranio, como sabemos, produce buena parte de la electricidad que consumimos. El paladio es un buen catalizador y se usa en los escapes de los autos; no es tóxico como se muestra en Iron Man 2. El cerio también se usa en los conversores catalíticos, y más recientemente en las pilas de NiMH (a pesar de su nombre, la "M" no es un metal sino una tierra rara). El plutonio, con su mala fama, se necesita para alimentar las sondas de espacio profundo (es otro isótopo, pero son difíciles de separar). Su producción fue intensa durante la Guerra Fría, pero cesó en 1988 en Estados Unidos, y tras algunos años también en Rusia, lo cual llevó a la NASA a temer una peligrosa escasez de un insumo crucial. En 2013, afortunadamente, se comenzó a producir de nuevo y se espera alcanzar un par de kilos por año para este fin.

To boldly go

El domingo 21 de agosto de 1977, en los quinchos del club Muni (hoy Ciudad de Buenos Aires), leí emocionado la noticia del lanzamiento de la sonda Voyager 2, que comenzaba su Gran Tour del Sistema Solar. Ilustraba la noticia una foto borrosa de un cohete rugiente en medio de una nube de combustibles quemados. Voyager 1, gemela de Voyager 2, despegó un par de semanas más tarde. Yo tenía por entonces 12 años. Mi colección de recortes astronómicos y de exploración espacial comienza en diciembre de 1977, disparada por la curiosidad que me produjo el viaje de las Voyager.

En esa época nos enterábamos de estas cosas al día siguiente. Hoy es distinto, claro. Podemos ver en directo por la Web el lanzamiento de cada robot que parte a explorar el sistema solar. Y podemos seguir casi en tiempo real sus viajes por asteroides, cometas, lunas... Yo seguí como pude, durante años, las peripecias de las Voyager. Las fotos en el diario eran patéticas, y no había muchas otras fuentes de información. Pero ¡ah! la revista de la National Geographic Society traía increíbles imágenes a todo color de las hipnóticas nubes de Júpiter y de sus satélites que de golpe se convirtieron en *mundos*.

¿Dónde están hoy las Voyager, que completaron su exploración planetaria hace tantos años? Por increíble que parezca, estos dos esforzados robotitos siguen funcionando. Se encuentran hoy en los confines del sistema solar. A más de 40 años del comienzo de su viaje interestelar, están a más de 20 mil millones de kilómetros de la Tierra, más de 100 veces la distancia que nos separa del Sol, casi un día luz. Los ingenieros del JPL que las construyeron y las operaron todos estos años siguen comunicándose con ellas, usando la enorme antena de Goldstone, que forma parte de la Red del Espacio Profundo, la *Deep Space Network*, un nombre que siempre me pareció buenísimo. "¿Dónde trabajás?" "En la Red del Espacio Profundo". Guau.

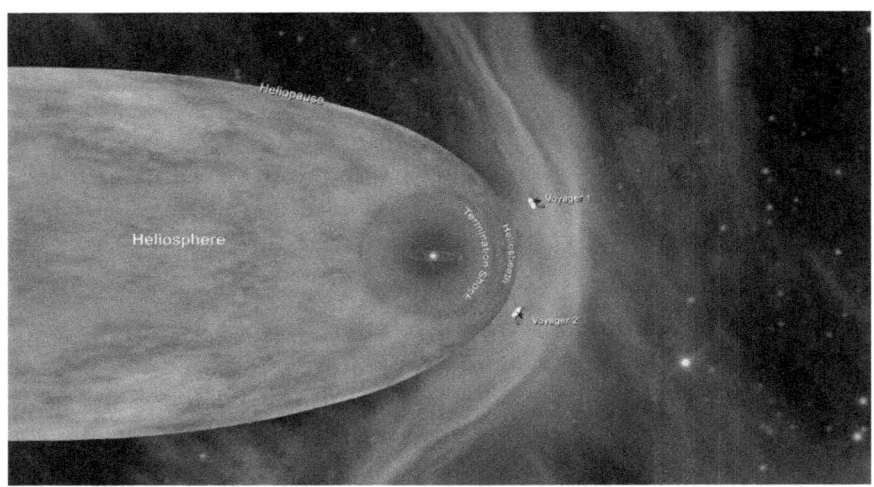

Volviendo a Voyager 2. Hace algo más de 10 años le pidieron que apagara sus motores primarios y encendiera los de backup.[22] Así se ahorran algunos watts de potencia, lo cual le permitirá seguir funcionando bastantes años todavía. El mensaje de radio con las instrucciones, viajando a la velocidad de la luz, tardó más de medio día en llegar a la sonda. Más de un día después los ingenieros recibieron la respuesta, indicando que Voyager 2 había realizado con éxito el cambio de motores. Los motores primarios habían disparado 318 mil veces, la verdad que se merecían un descanso. Los de backup no habían sido usados nunca jamás durante el vuelo, y funcionaron perfectamente en cuanto los encendieron. El sueño de cualquier ingeniero.

¿Dije, por ahí arriba, viaje *interestelar*? Sí: viaje interestelar; no fue un error. Habiendo completado su misión primaria de exploración de los planetas gigantes de nuestro sistema solar, ambas Voyager son hoy naves interestelares. Tienen suficiente velocidad para escapar a la poderosa influencia gravitatoria del Sol, y están atravesando lo que podría llamarse la frontera del sistema solar. Resulta que el viento solar, que arrecia a casi 400 km/s a la altura de la Tierra, va perdiendo fuerza a medida que se aleja del Sol. En algún lugar, empujando contra el tenue gas que llena el espacio

---

[22] Las Voyager usan pequeños motores para cambiar de orientación en el espacio, principalmente para poder orientar su antena de comunicaciones hacia la Tierra. No tienen propulsores, viajan por el espacio de manera inercial.

interestelar, ¡el viento solar *se detiene*! En algún momento del año 2011 Voyager 1 informó que la velocidad radial del viento solar era nula. Cero. Nada. Apenas un chorrito "de costado", probablemente parte de una especie de "cola" formada por el movimiento del Sol en la Galaxia.

Cuando un fluido rápido se propaga en medio de un fluido más lento, eventualmente se detiene. Donde se detiene ocurre algo raro. El fluido rápido sigue llegando "desde atrás". De manera que se frena, se amontona, se hace denso y se caliente. Se forma una "onda de choque", que en inglés se llama *termination shock*. Una onda de choque de este tipo envuelve la burbuja de viento solar, la *heliosfera*. La burbuja misma se mueve junto con el Sol alrededor de la Galaxia, empujando el tenue gas interestelar, que forma por delante otra onda de compresión que se llama *bow shock*, una estela como la que se forma delante de la proa de un bote al empujar el agua. En 2011 Voyager 1 reportó que estaba encontrando algo inesperado: parece que esta región intermedia, la *heliofunda*, es una espuma de gases y campos magnéticos que forman una estructura turbulenta. Es como si el sistema solar viajara por la Galaxia envuelto en uno de esos films de burbujitas.

Es bastante fácil hacer una demostración doméstica de lo que le ocurre al viento solar en su batalla perdida contra el medio interestelar. Lo único que se necesita es la pileta de la cocina con un fondito de agua y un chorrito cayendo de la canilla, como mostramos en la foto de la página siguiente. El agua que cae choca contra la pileta y se expande muy rápido en forma radial, formando una delgada lámina de agua. A medida que se aleja del centro va perdiendo fuerza, hasta que se detiene empujando contra el agua quieta. El agua quieta representa el gas interestelar. El chorrito que se expande es el viento solar. Se puede ver claramente la onda de choque, la *termination shock* donde se amontona el agua. Es la frontera que atravesaron las Voyager. Lo único que nos falta es el campo magnético del Sol, y además el agua no tiene carga eléctrica, que parece ser lo que forma las burbujas. Pero si aumentamos un poco el caudal del chorro se forma una linda capa turbulenta llena de espuma más allá de la *termination shock*, donde se mezclan el viento solar y el medio interestelar.

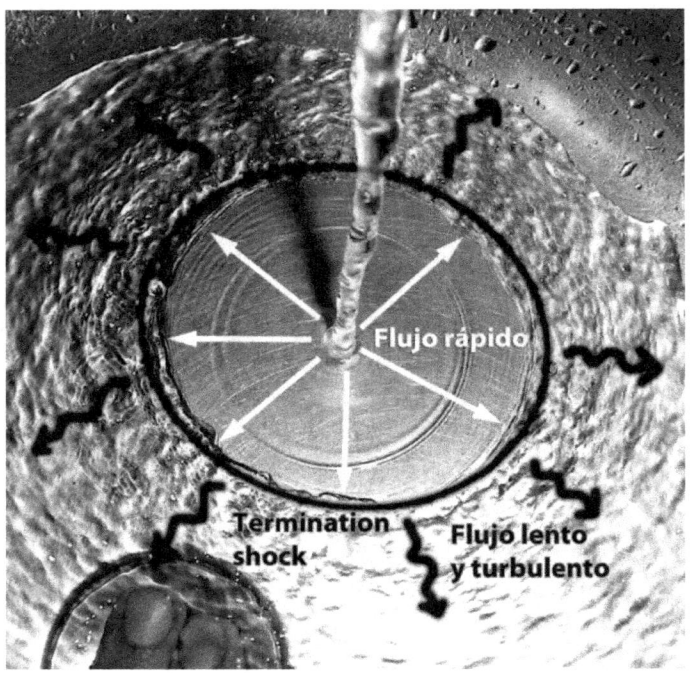

Todas estas fronteras son completamente invisibles en nuestro sistema solar, y hasta hace poco eran conjeturales. Las Voyager las están observando por primera vez con sus instrumentos que miden campos magnéticos. Pero en otros sistemas solares, ya sea porque la estrella es súper energética, o porque el medio interestelar es más denso y brilla, pueden verse claramente estas estructuras. El fondo de la imagen que mostramos antes, que ilustra la situación actual de las Voyager, está basado en una observación de la estrella Dseta Ophiuchi hecha por el observatorio espacial WISE. Dseta Oph es una peso pesado, una supergigante azul que está embebida en una densa nube de gas y polvo a través de la cual se mueve a la increíble velocidad de 87 mil kilómetros por hora. La combinación de estas tres cosas contribuye a formar una *bow shock* visible, una estela de choque densa y brillante que puede ser fotografiada en luz infrarroja.

En septiembre de 2013 la NASA anunció que, en base a las mediciones realizadas durante el año anterior, estaban ya seguros de que Voyager 1 cruzó la frontera de la *heliopausa* en agosto de 2012, y se encuentra desde entonces navegando el frío espacio interestelar. Voyager 2, que viaja en una dirección distinta, lo hizo en 2018. Si bien los ingenieros han empezado a apagar algunos de los calentadores de los instrumentos y otros equipos no esenciales, ambas sondas siguen enviándonos sus observaciones, y ya tenemos una década de mediciones directas del medio interestelar. Sus pilas nucleares terminarán agotándose allá por el 2025. Pero nada las detendrá. Inexorablemente seguirán viajando entre las estrellas, nuestras primeras exploraciones más allá de los confines del sistema solar. Sus cuerpos metálicos, y los discos con saludos e imágenes de la Tierra que llevan a bordo, están destinados a durar muchísimo tiempo. Son ya verdaderos objetos arqueológicos, testimonios de nuestra existencia que sobrevivirán, no sólo a la humanidad, sino a nuestra propia estrella. La botella es el mensaje. *To boldly go where no one has gone before.*[23]

---

[23] La frase del título y del final es de Star Trek; no acepto responsabilidad por la separación del infinitivo.

TERCERA PARTE
EN EL CAMPO LOS ASTRÓNOMOS

Algunos de aquellos que dedicaron sus vidas a estudiar el cielo son viejos conocidos. Todos hemos escuchado hablar de Galileo, Newton o Hubble (éste último, al menos a través del telescopio espacial que lleva su nombre). Para quien le gusten tanto la Historia como la Ciencia los hechos de sus vidas son indudablemente atractivos. Ya sea los que se relacionan directamente con su trabajo científico como los de su vida personal. En *Viaje a las Estrellas: de cómo y con qué los hombres midieron el universo*[24] ya he contado buena parte de las vidas de algunos de ellos. Aquí comparto algunas más.

---

[24] Colección Ciencia que Ladra, Siglo XXI Editores (2010).

El legado de Galileo

En noviembre de 1609 Galileo Galilei tomó uno de los catalejos que había fabricado para el Senado de Venecia y lo dirigió al cielo. Lo que vio transformó la ciencia de la astronomía y cambió para siempre nuestra percepción del universo y de nuestro lugar en él. Han pasado más de 400 años, y el mayor legado de sus descubrimientos está hoy tan integrado en nuestra cultura que ni nos damos cuenta. ¿Será el mejor destino de una contribución intelectual? ¿Que pase a formar parte de la "cultura general"? Puede ser.

Galileo no fue el inventor del telescopio, y tal vez ni siquiera fue el primero en usarlo para realizar observaciones astronómicas. Sus descubrimientos, sin embargo, causaron enorme impacto en su tiempo y resuenan aún después de cuatro siglos. ¿Por qué razón recordamos a Galileo, mientras que los nombres de Harriot o de Lipperhey son sólo conocidos por los especialistas? La clave está sin duda tanto en la precisión y sistematización de las observaciones de Galileo, como en su capacidad de transmitir, inclusive al gran público, sus descubrimientos y sus ideas.

Hasta 1609 el interés de Galileo en la astronomía había sido más bien marginal (si bien había mantenido correspondencia con Kepler acerca de la controversia geocentrismo vs. heliocentrismo). Sin embargo, en 1609 lo que había sido una afición se convirtió súbitamente en su principal actividad. Los vidrieros holandeses, fabricantes de anteojos desde el siglo XIII, acababan de inventar el catalejo. Galileo se enteró de los catalejos holandeses y al principio fue un poco escéptico sobre su utilidad. Pero cuando el Senado veneciano recibió la oferta de uno, Galileo aprovechó la oportunidad y decidió mejorar el instrumento para beneficio propio. Venecia, al no tener murallas, dependía para su seguridad de la detección temprana de los barcos que se acercasen, para lo cual el catalejo venía de perillas. Con el conocimiento y la destreza necesarios para la tarea, y el acceso al mejor vidrio veneciano, hizo un instrumento de 8 aumentos (los catalejos holandeses daban alrededor de 3 aumentos). En agosto Galileo subió con algunos miembros del Senado al Campanile de Piazza San Marco y demostró exitosamente la utilidad del instrumento y su potencial beneficio para la ciudad insular. ¡Se podían ver barcos en alta mar, completamente indistinguibles a ojo desnudo! Los senadores quedaron encantados y decidieron encargarle uno. Ni lerdo ni perezoso, Galileo lo regaló a la ciudad de Venecia.

El obsequio tuvo la consecuencia buscada: los senadores, agradecidos, le duplicaron el salario y le ofrecieron un cargo vitalicio en la universidad de Padua. La letra chica del contrato, sin embargo, disgustó a Galileo, quien un poco molesto viajó a Florencia a ver si conseguía algo mejor. Mientras el Gran Duque de Florencia, Cosme de Medici (quien había sido su discípulo) consideraba su oferta, Galileo regresó a su casa en Padua y convirtió su taller en una fábrica de telescopios, haciendo los que finalmente usaría para observar el cielo.

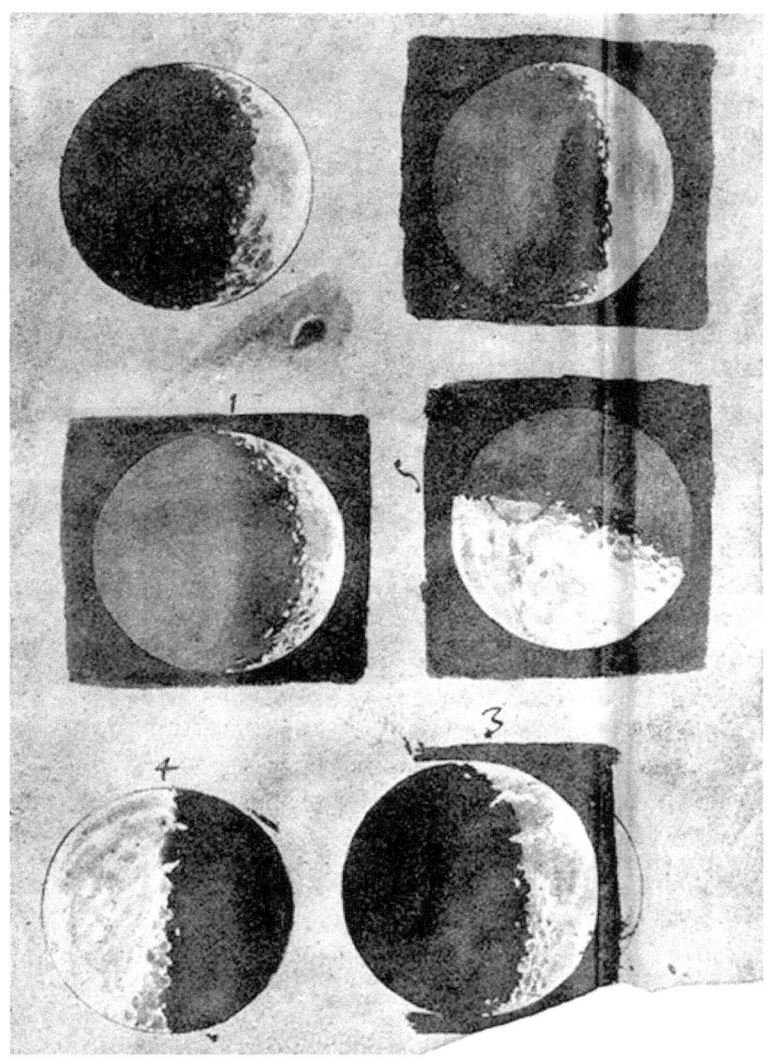

El 30 de noviembre de 1609, cuatro días después de la luna nueva, Galileo dirigió su telescopio de 20 aumentos hacia la Luna. Lo que vio esa noche y en las noches que siguieron transformó para siempre, como decíamos, tanto la ciencia de la astronomía como nuestra percepción del universo y de nuestro lugar en él.

¿Qué vio Galileo a través del telescopio? En primer lugar, vio que la Luna era como la Tierra, que tenía montañas, valles y planicies. No había nada "celestial" en ella, nada de una naturaleza distinta a la terrenal. ¡La Luna era un *mundo*!

Un mundo como la Tierra.

Y si la Luna era como la Tierra, *ergo* la Tierra era como la Luna.

¿Era posible que nuestro mundo fuera uno más entre los planetas, como había asegurado Copérnico? Hoy en día estamos acostumbrados a la imagen de la Tierra como un planeta, pero hace 400 años las cosas eran muy distintas. La Tierra *no era* un planeta. ¿Cómo iba a ser un planeta, si los planetas son apenas puntitos de luz que se mueven en el cielo, y la Tierra es inmensa, sólida, inmóvil bajo nuestros pies?

Por otro lado Galileo descubrió que, a través del telescopio, los planetas se veían como pequeños discos (contribuyendo a la naciente imagen de que existían "otros mundos"). Las estrellas, sin embargo, se veían como puntos aun a través del telescopio. De hecho, notó que había inmensamente más estrellas que las que se conocían desde la Antigüedad. En particular la Vía Láctea, cuya naturaleza se desconocía, fue revelada a través del telescopio como un aglomerado de estrellas.

Finalmente, en una serie de observaciones memorables realizadas en enero de 1610, descubrió que el planeta Júpiter tenía cuatro "lunas" girando a su alrededor. Para Galileo, la evidencia de que la Tierra era uno más entre los planetas empezaba a ser abrumadora.

Galileo comprendió inmediatamente la importancia de sus descubrimientos. Rápidamente publicó sus observaciones en un librito titulado *Sidereus Nuncius* (Mensajero de las estrellas) a principios de 1610. Las ilustraciones originales, acuarelas pintadas al claroscuro con gran maestría por el propio Galileo, se conservan cosidas al manuscrito. Una imagen vale más que mil palabras, ahora o en el Renacimiento, y estas ilustraciones sin duda contribuyeron al éxito de la obra. En su libro Galileo bautizaba a los satélites de Júpiter *Estrellas Mediceas*, para halagar a su potencial protector florentino. (Kepler, sin compromisos con la política toscana, sugirió llamarlos "satélites", del griego *satellos*, asistente.) Galileo mandó el libro y el telescopio (¡y los satélites!) como regalos a Cosme quien, rendido ante semejante regalo, lo retribuyó nombrándolo Matemático de la Corte.

Sidereus Nuncius se convirtió de inmediato en un best seller, se vendía como pan caliente, y la fama de Galileo cundía por Europa. El nombre "telescopio", también tomado del griego, fue inventado por otro astrónomo italiano, Giovanni Demisiani, para designar el nuevo instrumento, y se popularizó inmediatamente.

Con la protección del Duque, Galileo se mudó a Florencia, donde continuó sus observaciones. Todo estaba por descubrirse en aquellos días, de manera que las maravillas empezaron a acumularse en sus cuadernos de observación. Descubrió los anillos de Saturno (si bien no los interpretó correctamente). Descubrió que el Sol tenía manchas y que rotaba. Tal como pasaba con la Luna, no parecía haber nada de "celestial" en él. Finalmente, cuando observó que Venus tenía fases como la Luna, Galileo comprendió que tenía entre las manos el espaldarazo definitivo al modelo heliocéntrico del universo que Copérnico había pretendido consagrar el siglo anterior: no había manera de incorporar las fases de Venus en el modelo ptolemaico y geocéntrico heredado de la Antigüedad.

Galileo empezó a publicitar el copernicanismo. Lamentablemente el Papa puso a Copérnico en el Index de los libros prohibidos, y Galileo abandonó la astronomía, al menos públicamente, por una década. Pero su trabajo continuó en silencio, y finalmente publicó *Dialogo sobre los dos grandes sistemas del mundo*. En una época en que el latín era la lengua de la ciencia, Galileo publicó su obra en italiano, al alcance de cualquier persona alfabetizada. A pesar de tener la requerida autorización eclesiástica para la publicación del libro, lo denunciaron a la Iglesia. Como sabemos, Galileo fue procesado, forzado a retractarse y condenado a arresto domiciliario de por vida. A pesar del intento de silenciarlo, el "daño" ya estaba hecho: la revolución copernicana, que llevaba medio siglo esparciéndose en los círculos especializados, rompió amarras. Y fue imparable.

La Tierra era un planeta, y giraba alrededor del Sol. Y todos, Sol, planetas y lunas, estaban hechos de materia. Esa era la realidad, milenios de creencias equívocas no se sostenían ante la evidencia.

Durante los largos años de su condena Galileo siguió trabajando, por supuesto, escribiendo finalmente los *Discursos sobre dos nuevas ciencias*, otra obra revolucionaria que inauguraba el campo de la Física como ciencia matemática. Galileo, preso en su domicilio, no estaba en condiciones de publicarlo. Así que el manuscrito fue contrabandeado a Holanda para su publicación fuera del alcance de la autoridad del Vaticano. Galileo era un católico devoto, pero la única verdad es la realidad, y no lo iban a hacer callar.

Astronomia Nova

En el año 2009 se cumplieron 400 años de dos eventos cruciales para la Astronomía: Galileo Galilei realizó sus primeras observaciones astronómicas con su telescopio (que acabamos de comentar), y Johannes Kepler publicó su obra fundamental, *Astronomia Nova*.

Todo el mundo conoce aunque sea el nombre de Galileo, pero es bien posible que una persona pase por todo nuestro sistema educativo sin haber escuchado jamás el nombre de Johannes Kepler. Sin embargo, su obra fue determinante en la revolución científica del siglo XVII. La teoría de la

Gravitación Universal, formulada por Isaac Newton poco después y que es sin duda el descubrimiento individual que más ha contribuido a forjar la visión moderna del universo, está basada en las tres leyes de Kepler del movimiento de los planetas.

La cuestión es que en 1609, en medio de su período más fructífero como Matemático de la Corte del Sacro Emperador Rodolfo II, en Praga, Kepler publicó la obra cuyo sugestivo título, en el estilo pomposo de su época, era:

NUEVA ASTRONOMÍA, basada en la causalidad
o FÍSICA DEL CIELO, derivada de comentarios del
movimiento de la ESTRELLA MARTE,
a partir de las observaciones del GENTILHOMBRE TYCHO BRAHE

Kepler había acudido a Praga años antes para intentar obtener del legendario Tycho Brahe un tesoro astronómico: los datos del movimiento de los planetas, medidos con precisión sin precedente por el genial astrónomo danés. Kepler había observado peculiaridades numéricas en las posiciones de los planetas arreglados según el sistema copernicano (que lo llevaron a escribir el *Misterio Cosmográfico*). Estas peculiaridades le hacían sospechar que las órbitas de los planetas, sus posiciones y sus movimientos, no eran caprichosos y arbitrarios sino que obedecían a leyes matemáticas. Era una idea casi inaudita en su época.

La colaboración entre Kepler y Tycho fue muy difícil. Tycho era un noble engreído y egoísta, de cierta edad, amargado por haberse visto obligado a exiliarse de su patria abandonando su magnífico observatorio de Uraniborg. Kepler era plebeyo, joven y seguro de sí mismo, y amargado por haberse visto obligado a huir de su *alma mater* y de su trabajo por las persecuciones religiosas de la iglesia católica. Digámoslo de una vez: se llevaron literalmente a las patadas.

Pero se necesitaban mutuamente: Tycho reconocía la genialidad de Kepler y sabía que sólo él sería capaz de poner orden en su tesoro, que se convertiría así en su legado para la posteridad. Y Kepler necesitaba las observaciones de Tycho —en particular las del problemático planeta Marte— para formular el modelo definitivo del sistema solar. Al morir Tycho, Kepler

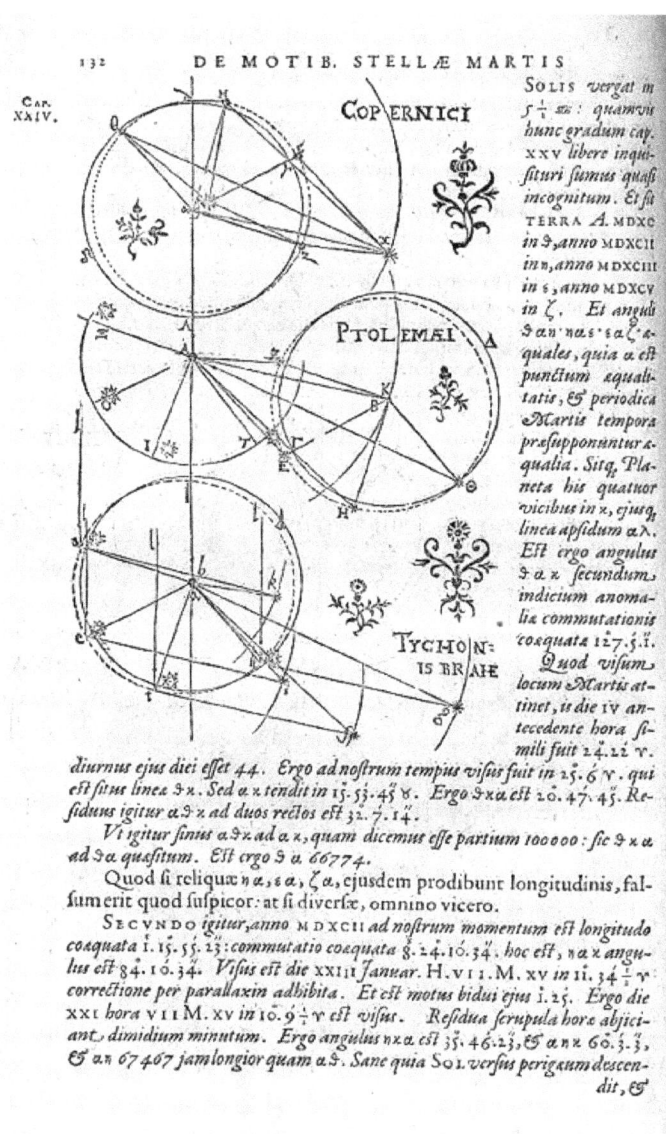

"heredó" sus datos y fue contratado inmediatamente como su sucesor y como Matemático de la Corte Imperial.[25]

---

[25] Me permito recomendar el libro *El tesoro de Kepler*, de Jean-Pierre Luminet, que cuenta de manera novelada las vidas de Tycho y Kepler (hasta la muerte de Tycho, sin llegar hasta la formulación de las leyes).

Astronomia Nova contiene las primeras dos de las tres leyes del movimiento planetario de Kepler, que dicen:

1. Los planetas se mueven alrededor del Sol en órbitas elípticas (no circulares como se creía desde la Antigüedad) con el Sol en uno de los focos de la elipse.[26]
2. Los planetas no se mueven en sus órbitas de manera constante (como se creía) sino que lo hacen de manera tal que una línea imaginaria dibujada desde el Sol al planeta barre áreas iguales en tiempos iguales.

La tercera ley fue descubierta por Kepler más tarde y publicada en *La Armonía de los Mundos* en 1619, y dice:

3. El cociente entre el semieje mayor de la órbita elíptica (al cubo) y el período de revolución (al cuadrado) es el mismo para todos los planetas.

Como se ve, son *leyes matemáticas*, leyes que describen propiedades geométricas y algebraicas de objetos naturales. A partir de estas tres leyes Newton dedujo la Ley de la Gravitación Universal.

No vamos a entrar en detalles de lo que dicen estas leyes sobre el movimiento de los planetas. Nótese, de todos modos, que parecen inocentes: unas elipses, unos sectores elípticos, unos cuadrados y cubos. Ocultos en su simplicidad están su enorme poder explicativo y descriptivo. Su importancia en la Historia de la Ciencia es tremenda. Son las primeras "leyes naturales" en un sentido moderno: aseveraciones precisas y verificables acerca de las relaciones entre determinados fenómenos, formuladas de manera matemática. Pusieron fin a una astronomía "teológica" y dieron inicio a una definitiva astronomía "física". Y así lo expresó el propio Kepler:

"Mi propósito es mostrar que la maquinaria celeste no es un ser vivo, divino, sino un mecanismo de relojería [...en el cual] los movimientos es-

---

[26] En el capítulo *Superlunas, minilunas* explicamos una manera sencilla de dibujar elipses.

tán causados por una fuerza simple, magnética y material. También mostraré cómo todas estas causas físicas tienen una expresión numérica y geométrica."

Kepler tenía perfectamente claro que sus tesis iban en contra de las doctrinas cristianas. Pero anuncia que se trata de cuestiones que están fuera de la incumbencia de las iglesias:

"En teología puede valer el peso de la Autoridad, pero en filosofía sólo vale el de la Razón. Así, fue santo Lactancio, que negó la redondez de la tierra, y fue santo Agustín, que admitió su redondez pero negó los antípodas. Y sagrado es el Santo Oficio en nuestros días, que admite la pequeñez de la tierra pero niega su movimiento. Pero para mí más sagrada que todo es la Verdad cuando, con todo respeto por los doctores de la Iglesia, demuestro que la tierra es redonda, habitada por antípodas, de una insignificante pequeñez, y rápida vagabunda entre las estrellas."

Al abandonar la obsesión milenaria, plasmada en el modelo de Ptolomeo, de esferas engarzadas con otras esferas para explicar los movimientos planetarios, Kepler pavimentó el camino para una visión de los planetas como mundos, flotando libremente en el espacio, movidos por fuerzas físicas actuando sobre ellos. Las observaciones de Galileo, confirmando que los planetas eran mundos como la Tierra, completaban perfectamente el cuadro.

Es aparente que la idea de una gravitación universal estaba en la mente de Kepler, manifestada en la posición prominente del Sol en el sistema planetario. Kepler estaba convencido de que los planetas se movían en sus órbitas como consecuencia de una fuerza producida por el Sol, y que disminuía con la distancia. "Magnética" la llama, en el fragmento citado. Sospechaba incluso que podía haber una dependencia inversa con el cuadrado de la distancia por analogía con la intensidad de la luz que, según él mismo había descubierto, se comportaba de esta manera. Sin embargo su concepción física de la inercia de los cuerpos, que es la que realmente mantiene a los astros en sus órbitas, era incorrecta. Por otro lado la matemática de su época —carente todavía del cálculo infinitesimal y de la geometría analítica— no le bastó para desarrollar sus ideas completamente.

A diferencia de la mayor parte de los científicos, desde Copérnico, Galileo y Newton hasta nuestros días, Kepler no hace ningún esfuerzo en su obra para presentar sus ideas de manera final y completa. La *Astronomia Nova* está escrita en un estilo íntimo de conversación con el lector, contando cada detalle del razonamiento que lo llevó a formular sus leyes, inclusive los callejones sin salida que todo investigador se encuentra en su trabajo. Es curiosa, por ejemplo, la introducción de cierta hipótesis (que resultó ser incorrecta) y que lo llevó a deducir una ley para el movimiento de Marte que discrepaba en 8 minutos de arco con las observaciones. ¡Apenas ocho minutos de arco! La Luna cubre en el cielo 30 minutos de arco. ¡La discrepancia era apenas un cuarto del tamaño de la Luna! Astrónomos anteriores, desde Aristarco hasta Copérnico, bien podrían haber convivido con un error de 8 minutos de arco. Pero no Kepler, que tenía a su disposición las excelentes mediciones de Tycho. Astrónomos anteriores podrían incluso haber fraguado un dato para ajustarlo a una hipótesis. El mismo Kepler lo había hecho en el *Misterio Cosmográfico*. Pero ya no más, y Kepler sin piedad busca y encuentra la debilidad de su propia hipótesis, la descarta, y sigue adelante. Se iniciaba en la ciencia una nueva era: una era de austeridad y de rigor. Se trata de un punto de quiebre en la historia del pensamiento occidental. Estas peculiaridades la convierten también en una obra valiosa para los historiadores y los filósofos de la ciencia.

La última obra de Kepler publicada durante su vida fueron las *Tablas Rodolfinas*, un catálogo estelar y de posiciones planetarias basado en la monumental colección de 40 años de observaciones de Tycho (cuyos herederos disputaron durante la publicación hasta lograr un acuerdo conveniente para ellos). Después de su muerte se publicó *Somnium* (Sueño), que es tal vez la primera obra de ciencia ficción de la Historia, en la que un discípulo de Tycho es misteriosamente trasladado a la Luna, desde donde observa la Tierra como lo que es, como uno más entre los planetas.

Los planetas y sus satélites en órbita alrededor del Sol, obedeciendo leyes físicas formulables matemáticamente: así es el mundo, y ese es el legado de Galileo y de Kepler.

Galileo y Kepler: una relación difícil

Kepler celebró los descubrimientos telescópicos de Galileo. Publicó una carta abierta en su apoyo —*Conversación con el Mensajero de los Astros*—, tras la cual el embajador toscano en Praga le rogó a Galileo que le enviara un telescopio a Kepler, para que el más respetado de los astrónomos europeos pudiese verificar por sí mismo las observaciones de Galileo, y así lograr más respaldo aún. Galileo no lo hizo. En cambio, mandaba un telescopio tras otro a distintos aristócratas europeos.

Él mismo, el famoso Kepler, Matemático Imperial, en un arranque de generosidad poco común en los anales de la ciencia, se convirtió en el principal paladín del todavía desconocido Galileo. Es un gesto que recuerda un poco al de Thomas Henry Huxley, autoproclamado "bulldog de Darwin" para defender la Teoría de la Evolución en la sociedad victoriana del siglo XIX. Kepler le escribió muchas cartas, de las cuales Galileo respondió sólo dos, vaya uno a saber por qué. Y cada uno contribuyó activamente a apoyar al otro, si bien Kepler bastante más a Galileo que a la inversa, a decir verdad. Inclusive le propuso a Galileo recibirlo si resolvía exiliarse cuando éste tuvo sus problemas con la iglesia católica.

La cuestión es que pasaban los meses y ningún astrónomo había podido verificar las observaciones de Galileo. Finalmente Kepler le volvió a escribir: *"Le pido, mi querido Galileo, que me designe testigo a su favor, mándeme un telescopio, mire que hay mucha gente que niega lo que ha visto Ud..."* (estoy parafraseando, claro, para condensar la carta). Ante la perspectiva de perder a su mejor aliado, Galileo respondió: *"Gracias por defenderme, blah, blah, blah, ya le mandaré un telescopio [nunca lo hizo], yada, yada, yada, riámonos de la estupidez de las masas..."*. Fue su segunda y última carta a Kepler, 13 años después de la primera. Ni una palabra sobre el progreso de sus observaciones, ni sobre el trabajo de Kepler. Lamentable, realmente. En particular, nada sobre un importante nuevo descubrimiento, que Galileo había comunicado al embajador toscano en Praga mediante el siguiente mensaje misterioso:

SMAISMRMILMEPOETALEUMIBUNENUGTTAUIRAS

¿Mais mil poeta nenug iras? ¿Qué significaba esto?

Era un anagrama, un mensaje cifrado mediante el mezclado de sus letras. Galileo usó varias veces anagramas para ocultar algunas observaciones delicadas y al mismo tiempo salvaguardar la prioridad de su descubrimiento. El embajador le pasó el acertijo a Kepler, a ver si lo descifraba. Kepler interpretó lo siguiente:

SALVE UMBISTINEUM GEMINATUM MARTIA PROLES

O sea: "Os saludo, gemelos ardientes, hijos de Marte",[27] creyendo que Galileo había descubierto satélites alrededor del planeta Marte, así como los había observado alrededor de Júpiter. A Kepler le encantó el concepto: un satélite alrededor de la Tierra, dos alrededor de Marte, cuatro alrededor de Júpiter... y así siguiendo, duplicando el número de lunas a medida que uno se alejaba del Sol. Kepler se deleitaba con este tipo de numerología.

Tres meses después Galileo reveló el enigma —no a Kepler, sino al emperador Rodolfo, a pedido del embajador:

ALTISSIMUM PLANETAM TERGEMINUM OBSERVAVI

Es decir: "Observé al planeta más elevado en forma triple". Se trataba del descubrimiento de los anillos de Saturno (el planeta más elevado, es decir más lejos del Sol, conocido hasta el momento). Los instrumentos imperfectos de Galileo no le permitieron develar la verdadera naturaleza de los anillos.

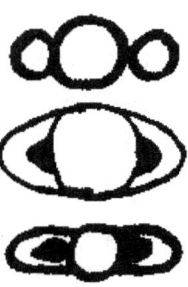

El físico holandés Christiaan Huygens fue el primero en interpretarlos correctamente en 1655. Huygens también anunció su descubrimiento con un anagrama muy poco imaginativo:

---

[27] Para los detallistas: las letras U y V son indistinguibles en latín, y las lenguas modernas recién comenzaron a distinguirlas en el siglo XVI. Por eso en los anagramas pueden observarse diferencias en las cantidades de ves y úes, pero no se trata de errores.

AAAAAAA CCCCC D EEEEE G H IIIIIII LLLL MM NNNNNNNN OOOO PP Q RR S TTTTT UUUUU

cuyo significado reveló más tarde: *"Annulo cingitur tenui plano, nusquam cohoerente, ad eclipticam inclinato"*, vale decir "Está ceñido por un anillo plano y delgado, no unido a la superficie, inclinado con respecto a la eclíptica".

En 1726 el escritor irlandés Jonathan Swift, en sus *Viajes de Gulliver*, rescató la premonición de Kepler adjudicando el descubrimiento de los satélites de Marte a los habitantes de la isla flotante de Laputa:

«Han descubierto dos pequeñas estrellas, o satélites, en órbita alrededor de Marte; de las cuales la más interior orbita a una distancia igual a tres diámetros, y la más exterior a cinco; y la primera da una vuelta al planeta en 10 horas, y la segunda en 21 horas y media, de manera que los cuadrados de sus períodos están en la misma proporción que los cubos de sus distancias al centro de Marte, lo cual evidentemente muestra que están gobernados por la misma Ley de Gravitación que influye a los demás cuerpos celestes.»

Curioso ¿no? De paso, Swift nos muestra que un escritor del siglo dieciocho no le temía a los cuadrados y a los cubos para interpretar la tercera ley de Kepler, como tantos hoy en día.

Es todavía más curioso observar que Marte realmente tiene dos satélites ¡tal como intuyó Kepler! Sin embargo no fue sino hasta 1877 que fueron descubiertos. Los compañeros del dios de la guerra fueron bautizados *Fobos* (Terror) y *Deimos* (Horror). Sus períodos orbitales son 7.7 y 30 horas, ¡valores sorprendentemente cercanos a los imaginados por Swift!

Me fui por las ramas. Volvamos a Galileo y Kepler. Un mes después de revelar el anagrama sobre Saturno le mandó un nuevo enigma al embajador en Praga:

HAEC INMATVRA A ME JAM FRVSTRA LEGVNTVR O.Y.

que significa "Recojo en vano lo que no está maduro". Kepler una vez más se esforzó por descifrarlo, cambió una **E** por una **C** pensando que Galileo habría cometido un error, y concluyó que:

MACULA RUFA IN JOVE EST GYRATUR MATHEM ETC

que se traduce como: "Hay una mancha roja en Júpiter que gira matemáticamente, etc.".

¡Sorprendente! ¡Otra premonición de Kepler! Por supuesto, todos sabemos que Júpiter efectivamente tiene una Gran Mancha Roja, una gigantesca tormenta descubierta por Giovanni Cassini en 1665 (o por Robert Hooke en 1664; pobre Hooke, se la pasaba quejándose de que le robaban las ideas) y que persiste hasta nuestros días. Kepler le escribió a Galileo exasperado, rogándole que descifrara el anagrama. Un mes después Galileo lo hizo, de nuevo no directamente a Kepler sino al embajador:

CYNTHIAE FIGURAS AEMVLATVR MATER AMORUM

O sea: "La madre de Amor imita a Cynthia". Quería decir que el planeta Venus (la madre del dios Amor) tenía fases cambiantes, como la Luna (Cynthia). Como ya dijimos, con esto Galileo tenía finalmente entre manos la refutación definitiva del modelo geocéntrico del sistema solar, y el espaldarazo para el sistema Copernicano (como, de hecho, refería en la carta que contenía el anagrama). Las fases de Venus (que vemos en la imagen de la página siguiente) solamente eran posibles si el planeta giraba alrededor del Sol, y no de la Tierra.

Mientras tanto, Kepler vio realizado su sueño: uno de sus protectores, el duque de Baviera, fue uno de los favorecidos por Galileo con el regalo de un telescopio. Durante un viaje a Praga se lo prestó a Kepler, quien durante un mes pudo ver con sus propios ojos las montañas de la Luna, los satélites de Júpiter y las innumerables estrellas de la Vía Láctea. De inmediato publicó un nuevo panfleto, esta vez respaldando los descubrimientos de Galileo con sus propias observaciones. Fue en esta publicación que Kepler propuso llamar a los compañeros de Júpiter "satélites" en lugar de a*stros mediceos*, como proponía Galileo.

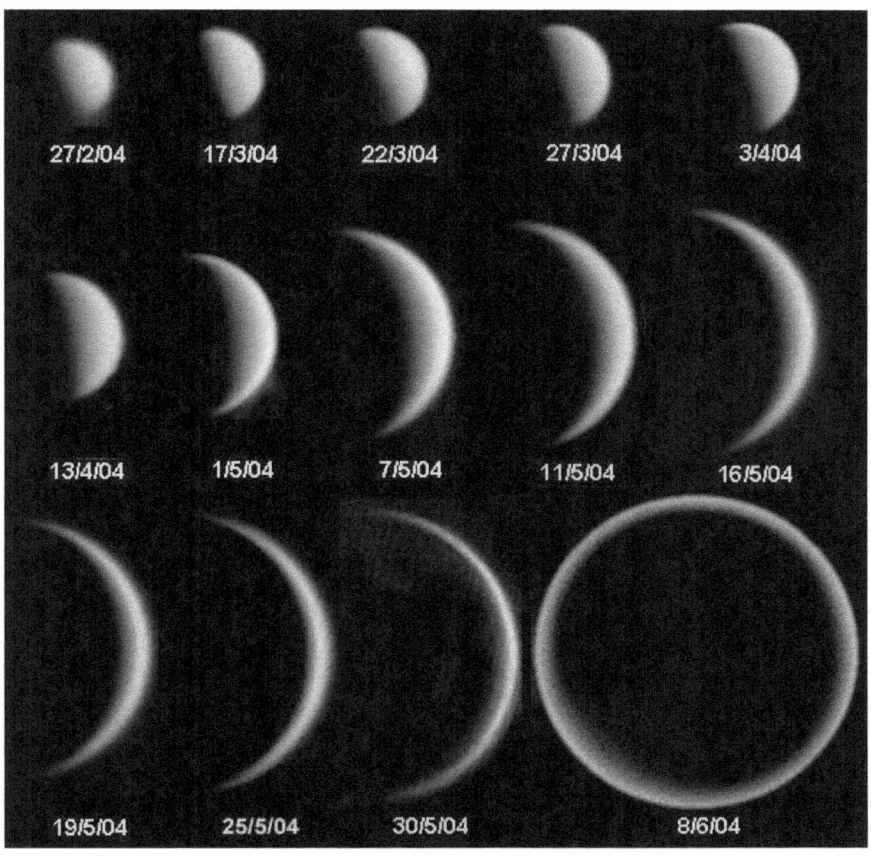

Kepler le escribió varias cartas más a Galileo, que éste nunca respondió, o a lo sumo lo hizo a través del embajador toscano. En su propio trabajo Galileo siempre ignoró olímpicamente las importantes contribuciones de Kepler: las leyes del movimiento planetario, los trabajos de óptica, y por supuesto el *telescopio kepleriano*, que Kepler había inventado en 1611 para evitar el principal defecto del diseño *galileano*: un estrechísimo campo visual. A pesar de sus evidentes ventajas (de hecho, se lo usa hasta hoy en día), Galileo se negó a usarlo durante toda su vida. Kepler finalmente dejó de escribirle, tal vez tan perplejo como nosotros, pero nunca dejó de apoyarlo públicamente.

O Fortuna, velut Luna!

A alguna gente le llama la atención que un científico hable de "suerte" en un contexto científico. La razón es sencilla: los científicos somos como el resto de la gente, y la suerte forma parte de nuestra vida, como de la de todo el mundo. Cuando juega la Selección nos envolvemos en la bandera como cualquier hijo de vecino. Pero voy a comentar un poco más, para que no parezca que me estoy refiriendo a algo sobrenatural. Lo que quiero decir es lo siguiente.

Veamos por ejemplo la cuestión de encontrar vida extraterrestre. Hoy en día sabemos que casi todas las estrellas tienen planetas a su alrededor. Aun así, la cantidad de planetas capaces de albergar vida como la de la Tierra es seguramente pequeña: deben ser planetas rocosos (con una superficie donde caminar), no muy chicos (con alguna atmósfera), con agua líquida (el solvente universal de las substancias orgánicas), con un campo magnético alrededor (para protección de rayos cósmicos)... En una fracción de ellos tal vez haya algo vivo cuando los observemos, y en una fracción de éstos, a su vez, será posible su detección. En definitiva: *la detección remota de vida extraterrestre es un evento improbable*. Es decir, si ocurre, es ni más ni menos que la *definición* de suerte, ¿no? ¿Qué otra cosa es la suerte, sino la ocurrencia efectiva de un evento muy improbable?

Por otro lado, hay cosas que se atribuyen a la suerte y que en realidad no son tales. Tomemos el caso del descubrimiento de Urano. William Herschel, alemán de origen e inglés por adopción, músico de profesión y astrónomo por vocación, descubrió el primer planeta de la era moderna en 1781, lo cual le valió el reconocimiento de Su Majestad, honores, un salario, etc. Astrónomos profesionales —tal vez un poco envidiosos— no dejaron de observar que Herschel había descubierto el planeta de casualidad, vale decir por pura suerte. ¿Es una situación comparable a la del descubrimiento de vida extraterrestre al que me refería antes? Bueno, por un lado es indudable que se trata de una casualidad, de un evento aleatorio. Sin embargo me parece que hay algo distinto. Urano tiene un brillo que lo pone casi en el límite de lo que puede observarse a simple vista. Con cualquier

telescopio es fácilmente visible. Así que con el perfeccionamiento de los instrumentos astronómicos era inevitable que *alguien* lo descubriera. ¿Y quién era el mejor candidato, sino el constructor de los mayores telescopios de su época, el que se pasaba hasta los intervalos de sus conciertos observando tras bambalinas? El descubrimiento de Urano era un evento inevitable, que le tocó al astrónomo más dedicado. No tiene nada de suerte. En sus propias palabras: *"Si los planetas se cruzan en mi camino no tengo más remedio que descubrirlos"*.

En inglés se ha empezado a usar la palabra *serendipity* para estos descubrimientos casuales. Incluso hay quienes usan *serendipia* en castellano, pero no sé si el anglicismo es necesario. En castellano podemos decir *casualidad*, que en inglés no existe, después de todo. O *chiripa*, por qué no.

El extraordinario descubrimiento de Neptuno

Neptuno, el octavo planeta, descubierto en 1846, cumplió un año en 2011. ¿Cómo? Si fue descubierto en 1846, mil ocho cuarenta y seis más uno... No se trata del aniversario de su descubrimiento, sino de algo mucho más simpático. Permítanme que les cuente una de las historias extraordinarias de la astronomía moderna: la historia del descubrimiento de Neptuno.

Como sabemos, la Tierra da una vuelta al Sol en un año. Los planetas más cercanos al Sol, Mercurio y Venus, completan su órbita más rápido. Y los planetas exteriores tardan más de un año: cuanto más lejos del Sol están más lento es su movimiento, de acuerdo a la Tercera Ley de Kepler ya mencionada. El más lejano y más lento planeta de nuestro sistema solar fue descubierto el 23 de septiembre de 1846. Recién en 2011, después de

60190 días, completó por primera vez una órbita desde su descubrimiento. Un "añito".

Medio siglo antes, en 1781, William Herschel había descubierto el planeta Urano, como acabamos de contar. Por primera vez desde tiempos prehistóricos la Humanidad descubría que había en el cielo *un nuevo planeta*.

Tras el descubrimiento de Urano se desató una manía por descubrir qué más podía existir allá lejos. ¿Había más planetas, acaso? Hacia fines del siglo XVIII se organizó una campaña internacional para explorar meticulosamente la eclíptica (la región del cielo por donde se mueven los planetas), en particular para encontrar un planeta "faltante" entre Marte y Júpiter, que predecía la "ley" de Titius-Bode (una supuesta regularidad en la distribución de los planetas formulada en el siglo XVIII). Sin mayor demora, el 1 de enero de 1801 el Padre Piazzi, de Palermo, descubrió Ceres, precisamente entre Marte y Júpiter. Inmediatamente fue catalogado como planeta y recibió el nombre de una diosa olímpica importante como correspondía a la tradición. Con los subsiguientes descubrimientos de Pallas, Juno y Vesta —también entre Marte y Júpiter— quedó claro que Ceres, a diferencia de los otros planetas, formaba parte de una familia. El propio William Herschel los observó detenidamente y calculó su tamaño, deduciendo correctamente que estaban en el orden de los cientos de kilómetros de diámetro. Recomendó un nuevo nombre para la nueva categoría: *asteroides*. Hoy se conocen más de medio millón.

OK, el sitio vacante entre Marte y Júpiter no estaba ocupado por un planeta sino por un enjambre de planetitas, los asteroides. ¿Qué más? Durante las primeras décadas del siglo XIX se acumuló evidencia de que *tenía* que haber otro planeta, un planeta *grande*, más allá de Urano. La órbita de éste era irregular, como si efectivamente la perturbara un planeta desconocido. Simultáneamente se estaba desarrollando a gran velocidad la Mecánica Celeste, rama de la física matemática que había nacido con el trabajo de Newton un siglo antes, y cuyo enorme logro había sido explicar las Leyes de Kepler. La descripción detallada de las órbitas de los planetas estaba resultando muy difícil, pero se hicieron grandes avances teóricos (que terminarían impactando muchas otras ramas de la ciencia.

Hacia 1840 muchos astrónomos estaban convencidos de la existencia de otro planeta. No todos, sin embargo; algunos creían que la ley de gravitación dejaba de valer a grandes distancias. Curiosamente, se trata de un argumento que resurge cada tanto hasta el día de hoy. Pero una cosa es convencerse, y otra cosa es calcular dónde tenía que estar el supuesto planeta. Es un ejemplo de lo que se llama un *problema inverso*: dada una consecuencia (la órbita de Urano) encontrar su causa (la posición del planeta desconocido). ¿Se entiende? Una cosa es, sabiendo dónde están unos objetos, predecir cómo se tiene que mover otro (problema directo), y otra muy distinta es, sabiendo cómo se mueve uno, inferir dónde están los que lo hacen moverse así (problema inverso). Los problemas inversos son en general muy difíciles, aun hoy en día. No puedo imaginarme lo que habrá sido hace un siglo y medio.

Sin embargo era lo que se dice *una papa caliente*, así que había mucho interés en el asunto. A punto tal que no uno sino *dos* astrónomos/matemáticos brillantes, Urbain Le Verrier de París y John Couch Adams de Cambridge, calcularon la posición del hipotético planeta. Trabajaron independientemente, ignorando cada uno el trabajo del otro, durante varios años. Adams fue el primero en llegar a un resultado confiable, pero tuvo problemas de comunicación con el Astrónomo Real, George Airy, para convencerlo de que destinara los esfuerzos de un observatorio para su búsqueda (Airy es más famoso que Adams hoy en día...). Le Verrier compartió la misma suerte al principio, ya que en el Observatorio de París parece que miraron de reojo por el telescopio un ratito y perdieron el interés.

Finalmente Airy leyó los trabajos publicados por Le Verrier y vio que las posiciones calculadas eran casi idénticas a las de Adams (están marcadas en la figura, además de la posición de Neptuno en 1846 y en 2011, y un *cameo* de Saturno). ¡Y le agarró miedo de perder contra los franceses un descubrimiento tan importante! Se puso en comunicación con ambos astrónomos para aclarar cuestiones técnicas, ¡sin decirle a cada uno que había otro haciendo el mismo trabajo! El Astrónomo Real dispuso entonces que empezaran a buscar en Cambridge. Pero durante todo el verano de 1846 no hubo resultados positivos.

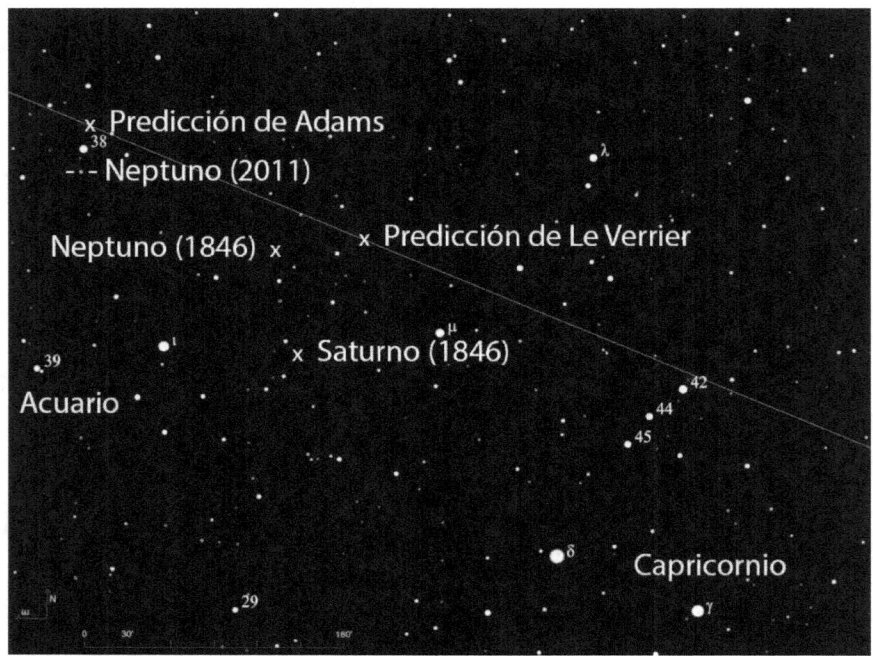

Le Verrier seguía trabajando, por supuesto. Publicó un tercer *paper*, con valores detallados de masa y órbita, y hasta un cálculo del tamaño que tendría el planeta. El descubrimiento era inminente. ¿De qué lado del Canal de La Mancha ocurriría? El 10 de septiembre John Herschel (hijo de William) dijo en una conferencia: *"Lo vemos [al nuevo planeta] como Colón veía América desde las playas de España"*. ¡Ja! ¡Qué vivo! John era un excelente astrónomo y matemático, y estaba superconvencido de los cálculos que había visto, ¡pero qué rabia que le daría no encontrarlo!

El desenlace fue rapidísimo. Cansado de que no le dieran bolilla en París, Le Verrier le escribió a Johann Galle, de Berlín, el 18 de septiembre. Galle recibió la carta el 23 de septiembre. Esa misma noche buscó el planeta donde decía Le Verrier, usando unas excelentes cartas estelares recién compiladas. En apenas media hora lo encontró: una "estrella" que no estaba en las cartas, a menos de 1° de la posición calculada por el francés. Para confirmar volvió a observar la noche siguiente. Se había movido: era el planeta. El 25 de septiembre Galle contestó a Le Verrier: *Monsieur, el planeta realmente existe en la posición que Ud. indicó.*

En Cambridge buscaron también en la más reciente predicción de Le Verrier y les pareció ver el disco de un planeta, pero no alcanzaron a confirmar su movimiento. Ya no hubo tiempo. *The Times* del 1 de octubre tenía el titular: *LE VERRIER'S PLANET FOUND*. Los ingleses habían perdido la carrera. *¡Busquen satélites, urgente!* gritó Herschel. El 10 de octubre, en Cambridge, descubrieron Tritón. Pero no es lo mismo, no me van a decir.

Mucho después se descubrió que Le Verrier tuvo suerte. Su cálculo (aproximado) sólo funcionaba bien en 1846, ya que la órbita de Neptuno no resultaba correcta. Si hubieran usado la misma predicción al año siguiente no lo habrían encontrado. El cálculo de Adams era igualmente "incorrecto"; es que se trata de un problema muy difícil, como dije antes, para el cual no existen soluciones exactas. Pero bueno, la suerte es parte de la vida, como ya hemos dicho, y nunca viene mal.

Aunque la posteridad acredita con justicia a Le Verrier, Galle y Adams de manera conjunta el descubrimiento de Neptuno, primer planeta descubierto con el poder de la matemática, las curiosidades que rodean el descubrimiento no terminan aquí. *A posteriori* se descubrió que Neptuno ya había sido *visto* antes, incluso ese verano en Cambridge, sin reconocerlo como planeta. No sólo eso, sino que el primer astrónomo que lo observó fue... ¡Galileo!

Una vez publicados sus primeros descubrimientos astronómicos en 1610, Galileo se dedicó a observar sistemáticamente para descubrir las nuevas regularidades del cielo. Observando, dibujando y anotando en sus cuadernos el movimiento de los satélites de Júpiter aprendió a predecir sus posiciones. En la noche del 27 de diciembre de 1612 observó lo siguiente.

Júpiter es el circulito central. Vemos tres de sus satélites y las distancias medidas en radios del planeta. Hacia el este (la izquierda en el dibujo) Galileo dibujó una estrella fija (*"fixa"*) como referencia. Está indicada con una línea de puntos porque estaba más lejos y no cabía en la página. Hoy en día podemos reconstruir lo que observó.

Lo que Galileo marcó como estrella fija era el planeta Neptuno ¡234 años antes de su descubrimiento oficial en 1846!

Galileo observó Júpiter casi todas las noches durante ese invierno, y dejó señalada la posición de Neptuno varias veces más. A principios de enero los dos planetas se acercaron muchísimo, y Galileo seguro los podía observar simultáneamente en el campo de su instrumento (apenas 15 minutos de grado). El 3 de enero, incluso, ¡Júpiter ocultó a Neptuno! Durante estas semanas los dibujos, sin embargo, no lo muestran, tal vez para no confundir su posición con los satélites, que era lo que estaba estudiando.

Pero a fin de mes Neptuno vuelve a aparecer en el cuaderno, en una observación memorable, que mostramos en la figura de la página siguiente.

Nuevamente vemos una línea punteada para señalar la dirección de una estrella fija, marcada *a*, a 29 radios jovianos. Y una anotación dice que después de ella (*"post stella fixa a"*) había otra, que agregó en un dibujo auxiliar a la derecha, indicada *b*. El texto termina diciendo que también la había observado la noche precedente, pero que estaban más separadas entre sí (*"sed videbat remotiones inter se"*). La estrella *a* es HD105374, una magnitud más brillante que Neptuno, que es la estrella *b*. Sabemos que la precisión de las posiciones de los satélites registradas por Galileo es de 0.1

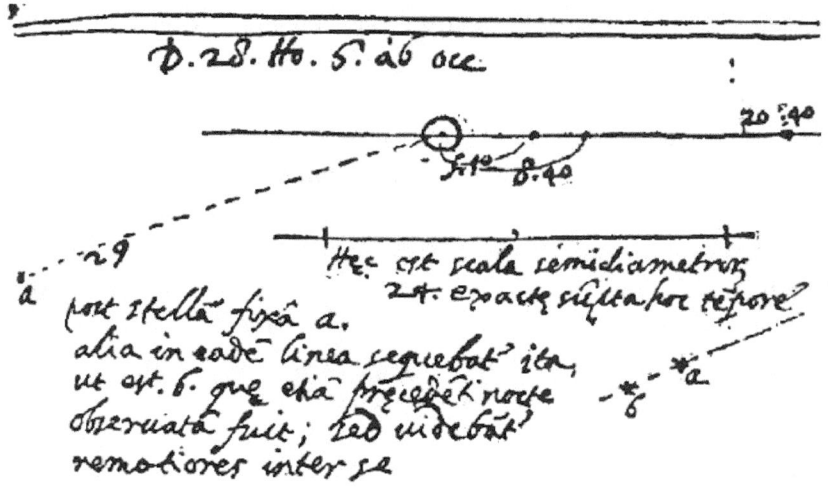

radios de Júpiter o mejor (unos 5 segundos de arco). Así que no hay ninguna duda de que registró correctamente el movimiento de Neptuno (la estrella b) con respecto a la verdadera estrella fija a.

O sea: Galileo observó Neptuno, y observó que se movía con respecto a las estrellas fijas. ¿Por qué nunca reportó el descubrimiento de un nuevo planeta? ¿O acaso lo hizo, y lo dejó escondido en algún anagrama o adivinanza, como los que comentamos en el capítulo sobre su relación con Kepler, y nunca nadie lo reconoció? Tal vez nunca lo sabremos.[28]

* * *

Tras el descubrimiento de Neptuno en los confines del sistema solar, Le Verrier volcó su atención al otro extremo de la sucesión de planetas. Durante más de 10 años se dedicó a analizar otra órbita con un movimiento

---

[28] El descubridor del descubrimiento de Neptuno por Galileo es el astrónomo Charles Kowal. El trabajo está publicado como: Kowal and Drake, *Galileo's observation of Neptune*, Nature 287:311 (1980). Kowal cuenta la historia del descubrimiento del descubrimiento en: Kowal, *Galileo's observation of Neptune*, Int. J. Sci. Hist. 15:3 (2008). Standish y Nobili, en *Galileo's observation of Neptune*, Baltic Astronomy 6:97 (1997), argumentan que un punto dibujado en otra observación también es Neptuno, lo cual permite refinar la calidad de su observación y compararla con las efemérides actuales. David Jamieson argumenta que ese punto delata que Galileo volvió sobre sus notas y las revisó, notando el movimiento de Neptuno.

anómalo: la de Mercurio, el planeta más cercano al Sol. Utilizando la misma técnica que le había permitido predecir exitosamente la existencia de Neptuno se dedicó a calcular la posición de un hipotético planeta en las hirvientes regiones entre el Sol y Mercurio. Hasta le dio un nombre: Vulcano, el dios de los fuegos y la fundición. Nunca se lo encontró, ni en vida de Le Verrier ni después de su muerte en 1877. El planeta Vulcano no existe, y la anomalía del movimiento de Mercurio fue finalmente explicada por Albert Einstein en su Teoría General de la Relatividad en 1915. No es causada por una perturbación planetaria sino por un efecto del Sol no contemplado en la teoría gravitatoria de Newton: la curvatura del espacio-tiempo en la proximidad de nuestra estrella.

Por otro lado, a lo largo del siglo XIX se especuló con la existencia de un noveno planeta más allá de Neptuno, cuya presencia no parecía del todo suficiente para explicar la perturbación de la órbita de Urano. El descubrimiento de Plutón en 1930 pareció validar este hipotético "Planeta X". Pero Plutón resultó demasiado pequeño para el efecto observado y la búsqueda continuó infructuosamente hasta bien entrado el siglo XX. Resultó que el Planeta X era, como Vulcano, un fantasma. Cuando la sonda Voyager 2 pasó junto a Neptuno en 1989 los astrónomos pudieron usar la trayectoria del robot para calcular con mucha precisión la masa del planeta gigante. Resultó que había un 0.5% de diferencia con la masa que se venía usando hasta ese momento. Cero coma cinco por ciento no parece mucho, pero en un peso pesado como Neptuno es el equivalente de la masa del planeta Marte. ¡Es un montón! Con la nueva masa de Neptuno se rehicieron los cálculos de las perturbaciones sobre Urano y las supuestas discrepancias se desvanecieron. No se necesita ningún otro planeta grande en el sistema solar. Más aún, las órbitas de las lejanas sondas Voyager 1 y 2, y de Pioneer 10 y 11 mientras hubo contacto, descartan por completo la existencia del Planeta X. Aun así, ciertas propiedades de las órbitas de algunos objetos transneptunianos alientan la esperanza de que exista un Planeta Nueve, todavía no descubierto.

Neptuno no se ve a simple vista, pero con binoculares debería ser fácil de observar (magnitud 7.8). Estaba en Acuario cuando lo descubrieron en el siglo XIX y ha entrado en Piscis en 2022, donde se quedará unos cuantos años, en su lento movimiento por la eclíptica.

La importancia de ser estrella[29]

Cada uno tiene su estrella favorita. La mía, por ejemplo, es Pi Puppis (por razones que no vienen al caso). Para algún otro será, no sé, Betelgeuse. Si le pudiéramos preguntar a Hubble tal vez contestaría "V1". Me refiero a Hubble, *Mr. Hubble*, el señor, no el telescopio. Edwin Hubble, uno de los grandes astrónomos del siglo pasado.

Edwin Hubble era un tipo fenómeno. Fue un destacado atleta de pista y campo, aficionado al box y a la pesca con mosca, entrenador de básquet, profesor de castellano, abogado, veterano de dos guerras mundiales y, bueno, astrónomo genial. Trabajó durante toda su vida profesional en el Observatorio de Monte Wilson, cerca de Los Ángeles. Era alto, buen

---

[29] El título de este capítulo refiere, por supuesto, a la obra de Oscar Wilde, *The Importance of Being Earnest*. En inglés sonaría más parecido: *The importance of being a star*. Siempre es bueno mencionar a Wilde. No hay nada peor que no hablar de él.

mozo, y estaba tan a sus anchas fotografiando las estrellas del cielo como en las fiestas de las estrellas de Hollywood. En 1923, a los 34 años, hizo un descubrimiento crucial que cambió (cuándo no) nuestra imagen del universo. En la noche del 5 al 6 de octubre, usando el telescopio Hooker de 100 pulgadas tomó la foto que aquí mostramos, una de las más famosas de la historia de la Astronomía. Es una foto de M31, la famosa Galaxia de Andrómeda. Puede distinguirse su centro abultado, los filamentos oscuros que delinean sus brazos espirales, y muchísimas estrellas pequeñitas.

Resulta que en 1923 nadie la llamaba "galaxia" de Andrómeda. Era la "nebulosa" de Andrómeda. El universo tenía una y sólo una galaxia: la nuestra, la Vía Láctea. Al menos esa era la opinión generalizada de los astrónomos, entre los cuales se encontraba Harlow Shapley, su colega *senior* en Mt. Wilson. Shapley sostenía que las nebulosas espirales eran nubes de gas y polvo, tal vez sistemas solares en formación, a no más de 300 mil años luz (que era el tamaño que él había calculado para la Vía Láctea).

Precisamente para investigar la naturaleza de las llamadas *nebulosas espirales* fue que George Hale, director del observatorio, había construido el magnífico telescopio Hooker. En esta foto vemos su tremendo espejo, de 100 pulgadas de diámetro, recién aluminizado por John Strong y nuestro Enrique Gaviola[30] en 1935 (acababan de inventar el espejado y configurado mediante aluminio; antes se hacía con plata y había que rehacerlo todos los años).

---

[30] Enrique Gaviola, mendocino, fue un notable físico y astrónomo argentino, uno de los pioneros de ambas ciencias en nuestro país. En la década de 1920 tuvo la fortuna de estudiar física en Göttingen y en Berlín, donde fueron sus profesores casi todos los legendarios fundadores de la Física Cuántica: Einstein, Born, Laue, Noether, Hilbert... Muchos de ellos se convirtieron en sus amigos y mantuvieron relaciones por muchos años. Gaviola fue uno de los impulsores del proyecto que

Hubble se abocó a fotografiar y estudiar nebulosas espirales, y el 6 de octubre de 1923 tomó esa foto. Señaló un par de estrellas interesantes con una letra **N**, sospechosas de ser *novas*, estrellas "nuevas", que habían hecho "erupción". Una de ellas, sin embargo, la de arriba a la derecha (¡apenas se la distingue en esta reproducción de la foto!), no era una nova. Esta estrella ya había aparecido en fotos anteriores, pero había cambiado de brillo. Era una estrella *variable* —la que pasaría a llamarse M31_V1. Y era una variable de un tipo muy particular, llamadas *cefeidas*. Las cefeidas, según había descubierto Henrietta Swan Leavitt recientemente, tienen una relación matemática muy exacta entre el período de variación y el brillo intrínseco. De manera que midiendo el período (sólo era cuestión de tomar más fotos) y el brillo con el cual se la ve (cuanto más lejos, más tenue), podía calcularse su *distancia*. Hubble tachó la **N** con una doble raya y con mano temblorosa escribió **VAR!** Uno puede imaginarse la emoción del joven astrónomo: ¡tenía entre manos la clave para uno de los grandes misterios del universo!

¿Y qué pasó cuando hizo las cuentas? La estrella y la Gran Nebulosa de la que formaba parte resultaron estar a *1 millón* de años luz de distancia (2 millones, sabemos ahora). M31 estaba definitivamente fuera de la Vía Láctea. Era ella misma una galaxia hecha y derecha, y encima era una de las más cercanas. De golpe, de la noche a la mañana, como en un Big Bang conceptual, el universo se infló millones de veces. Hubble siguió observando M31 durante varios meses, confirmando su hallazgo. En una carta le contó a Shapley el descubrimiento. Éste comentó a un colega: "Ésta es la carta que destruyó mi universo".

José Antonio Balseiro concretó en 1955: la creación del un Instituto de Física en Bariloche, una cooperación entre la Universidad Nacional de Cuyo y la Comisión Nacional de Energía Atómica.

Ochenta y ocho años más tarde el telescopio espacial que lleva su nombre, por iniciativa del Instituto del Telescopio Espacial y de la *American Association of Variable Stars Observers*, volvió a fotografiar y estudiar la estrella V1, como parte de la celebración del centenario de la AAVSO. En el sitio web del Telescopio Hubble hay más detalles y más fotos que valen la pena revisar, sobre este homenaje al gran astrónomo.

El trabajo de Hubble para medir la distancia a las galaxias (que continuó nada menos que con su descubrimiento de la expansión del universo, uno de los pilares de la cosmología moderna) fue solamente un eslabón en una cadena milenaria de esfuerzos por medir el tamaño del mundo. Algunos de estos se pueden leer en *Viaje a las Estrellas: De cómo y con qué los hombres midieron el universo* (Siglo XXI, colección Ciencia que Ladra).

El manzano de Newton

En 1665 una terrible epidemia de peste bubónica se abatió sobre Inglaterra. Fue uno de los rebrotes de la Peste Negra que había arrasado Europa entre 1347 y 1351, afectando profundamente todos los órdenes de la sociedad medieval.

Los primeros casos de la que se llamaría Gran Plaga de Londres ocurrieron en el invierno de 1664-1665. Al llegar la primavera de 1665 la enfermedad escapó de control, y acabaría cobrándose 100 mil víctimas, casi un cuarto de la población de Londres. Hay varios aspectos notables en esa epidemia.

Por ejemplo, fue la primera vez que un fenómeno semejante fue documentado cuantitativamente. En efecto, el año anterior habían empezado a publicarse *Actas de mortalidad* semanales, donde quedaban asentadas las muertes y sus causas (las actas de natalidad se mantenían en las parroquias desde mucho antes). Estas Actas marcan el comienzo del estudio cuantitativo de la demografía, que acabaría siendo una parte importante de la ciencia moderna.

Otro fenómeno curioso durante esta epidemia fue que la gente empezó a reaccionar de manera distinta que en grandes epidemias anteriores. Por empezar, el público no se amontonó en las ciudades y en las iglesias. Por alguna razón quedó claro que el amontonamiento era perjudicial (aunque nada sabían de microorganismos ni de contagios), y los que podían hacerlo huyeron al campo. La nobleza así lo hizo, pero también mucha otra gente acomodada.

Entre los que se refugiaron en el campo estaba el joven Isaac Newton, el muchacho pelilargo del retrato que abre este capítulo. En 1665 obtuvo su título de grado en la Universidad de Cambridge, y como ésta cerró a causa de la Plaga, Newton se fue a una finca de su familia en Woolsthorpe-by-Colsterworth. Allí pasó 18 meses, lo que llamó su "año milagroso". Durante este año y medio Newton revolucionó la matemática inventando el Cálculo Infinitesimal, formulando las leyes fundamentales de la Mecánica, renovando la Óptica y, sobre todo, descubriendo el mecanismo que explicaba el funcionamiento de los astros: la Gravitación Universal, completando así la obra de Kepler.

Precisamente sobre la gravitación todos conocemos la famosa anécdota: que la idea se le ocurrió al ver una manzana cayendo del árbol. Newton podría haberse comido la manzana y listo. Pero no: Newton se preguntó si acaso la fuerza que hace que la manzana *caiga* es la misma que hace que la Luna *no caiga*. El resultado fue una de las primeras grandes unificaciones en la historia de la Física: la del movimiento de los objetos terrenales y los celestes. No lo publicaría hasta muchos años después, en 1684, pero un manuscrito suyo relata que la idea central de una acción remota, proporcional a las masas e inversamente proporcional al cuadrado de las distancias, efectivamente nació durante su estadía en Woolsthorpe Manor.

Curiosamente, aunque parece inventada, la historia de la manzana es muy probablemente cierta.[31] Si bien Newton no habla de manzanas en ninguno de sus escritos, existen varios relatos de gente a quienes él mismo les habría contado la famosa historia. Entre ellos están su sobrina favorita Catherine Barton y su marido John Conduitt, *Master of the Mint* (presidente de la Casa de la Moneda). Catherine se lo contó a su vez a Voltaire, quien fue el primero en reproducir la anécdota en forma impresa. Conduitt lo relata así en sus memorias:

«…en el año 1665, cuando se retiró a su casa en ocasión de la Plaga, ideó ['descubrió' está tachado] su sistema de gravedad que se le ocurrió observando la caída de una manzana de un árbol.»

Otro relato relevante es el del arqueólogo William Stukeley. Cuenta en sus memorias una visita de Newton, y cómo después de comer salieron al jardín a tomar un té. A la sombra de unos manzanos Newton le contó que en esa misma situación, *"sentado en actitud contemplativa, vio caer una manzana y la noción de la gravitación universal vino a su mente"*. Mencionemos también el caso de William Dawson, amigo de Newton que éste visitaba ocasionalmente, quien había plantado dos manzanos en su jardín bajo los cuales el sabio pasaba horas en solitaria meditación, retoños del que había en el jardín de la casa de Newton.

Es interesante señalar que en ninguno de estos relatos se dice "ver caer manzanas de los árboles", en general. Dicen específicamente *una* manzana de *un* árbol.[32] Y un árbol *en el jardín*, no en el huerto donde había un pomar, con una pequeña plantación como en cualquier casa de campo. Estos detalles, sumados al hecho de que Newton no tenía ningún motivo para inventar algo semejante, le dan a la historia bastante verosimilitud.

Supongamos entonces que la anécdota es cierta. ¿Sería posible identificar el árbol? Desde tiempos de Newton los paisanos de Woolsthorpe les mos-

---

[31] En *El manzano de Newton en Bariloche*, Abramson G (2021) RICABIB, Artículos científicos IB, 1–11. (ricabib.cab.cnea.gov.ar/970) encontrarán bibliografía específica sobre estos temas.
[32] Definitivamente, nadie menciona una manzana cayéndole en la cabeza. Esa versión la inventó Disney.

traban a los visitantes curiosos *el* árbol: un manzano en el jardín de Woolsthorpe Manor. No en el huerto: el árbol famoso era el manzano del jardín, frente a la casa, a la vista de las ventanas. La tradición se mantuvo durante más de un siglo, hasta que el añoso árbol fue arrancado por una fuerte tormenta en 1814. Se armó un gran revuelo, vinieron los vecinos, todos querían llevarse un pedacito de madera de recuerdo. Alguien trajo un serrucho y cortó unas ramas, cuya madera conservaron para la posteridad (haciendo incluso una silla que aún existe). Otros cortaron un gajo y lo plantaron en casa de Lord Brownlow, en Belton. Pero el árbol no murió, y un dibujo de 1820 lo muestra frondoso y con dos copas, una coronando un tronco erguido, y otra saliendo de una rama rastrera. Existe también una copia de un dibujo anterior, de 1816, que muestra el mismo árbol, con el tronco partido pero el follaje vivo. Desde esa fecha hasta la actualidad el árbol siguió existiendo, y hoy en día es uno de los árboles históricos protegidos del Reino Unido, y puede visitarse en el jardín de Woolsthorpe Manor, convertida en museo.

Ahora bien, entre 1666 y 1816 hay muchos años. ¿Cómo sabemos que no hubo cambios en la casa y en el jardín? La verdad que éste es el eslabón más débil de la evidencia. Existen, sin embargo, dos dibujos de la casa hechos a principios y a fines del siglo XVIII respectivamente, donde pueden verse muy pocos cambios tanto en la construcción como en el jardín. Esto, sumado a la tradición centenaria de identificar al árbol específico, deja poco lugar al escepticismo.

En el Instituto Balseiro tenemos un retoño de Manzano de Newton. En el año 1979, estando de viaje por Inglaterra, el presidente de la Comisión Nacional de Energía Atómica, el Dr. Castro Madero, se enteró que era posible conseguir retoños del árbol histórico para plantarlos en instituciones académicas, a través de la East Malling Research Station, un instituto de investigación en fruticultura donde a principios del siglo XX habían propagado el de Belton House. La Biblioteca Leo Falicov, del Centro Atómico Bariloche, preserva toda la documentación que acredita el trámite para su obtención. Nótese que el árbol no se propagó por semilla, sino de manera vegetativa. Estrictamente, son clones. Nuestro manzano no es un descendiente: *es el mismo árbol*. La cronología epistolar es la siguiente.

22 de junio de 1979. Castro Madero le pide a Rodolfo Lucheta, agregado naval en Londres, que le ayude a conseguir un retoño pidiéndolo al director de la East Malling Research Station.

4 de julio. Lucheta escribe a la *Research Station* transmitiéndole los deseos del presidente de la CNEA de honrar al sabio inglés plantando su manzano en Bariloche, preguntando además cuánto costaría.

18 de julio. M. S. Parry, del Departamento de Pomología de la Estación, responde que con todo gusto y sin costo alguno. Recomienda que habría que hacer un injerto porque los gajos del manzano no hacen raíces, y asegurarse de autorizarlo por razones de sanidad, ya que en East Malling existía una peste endémica de los manzanos.

30 de julio. Lucheta escribe a Castro Madero informando que puede conseguir el retoño, y recomienda hacer el trámite a través del Ministerio de Agricultura, por las razones sanitarias.

20 de agosto. Castro Madero agradece a Lucheta las gestiones e informa que tratará de hacerlo a través de la Secretaría de Agricultura.

2 de octubre. Castro Madero vuelve a escribir a Lucheta, contándole que un Ingeniero Agrónomo, de apellido Seruso, estaba listo para recibir el histórico vegetal en el Servicio Nacional de Sanidad Vegetal. Pide que por las dudas manden dos ramas con varias yemas cada una.

3 de diciembre. El asistente de Lucheta, comandante Alberto González, le escribe a Parry y le dice que mande los gajos a nombre de Seruso.

26 de mayo de 1980. Castro Madero escribe dos cartas, una a Lucheta y otra a Parry, informando que los cortes habían llegado a Buenos Aires. Expresa su sincero agradecimiento y renueva su intención de plantarlos en el Centro Atómico Bariloche con una ceremonia de homenaje a la memoria del científico británico.

4 de junio. Lucheta escribe a Parry, contándole que le informan de Buenos Aires que el histórico manzano había sido plantado en el Centro Atómico Bariloche (con homenaje), y le expresa su extremo agradecimiento por la maravillosa donación.

El manzano fue plantado en el pequeño prado que se encuentra lindero a la tumba de José Balseiro, fundador del Instituto. Allí estaba cuando yo ingresé al Instituto en 1986. Habían pasado 6 años pero seguía siendo un arbolito escuálido. Era evidente que no estaba en un buen lugar: era una zona baja que frecuentemente se inundaba, y se empezó a temer que no sobreviviera. Finalmente, el 11 de julio de 1990 se lo trasplantó con gran cuidado al lugar donde está ahora, en el mismo predio pero más cerca de

la entrada de la Biblioteca de entonces, donde hoy se encuentra la Dirección.

La maniobra resultó un éxito: inmediatamente la planta se puso fuerte, empezó a crecer, y al poco tiempo comenzó a dar frutos. Hoy en día es un hermoso manzano. A fines de octubre empieza a florecer, un poco más tarde que los manzanos "criollos" que hay en el campus, y cuando está a pleno es una belleza. Hacia el final del verano se llena de fruta. Las manzanas son bastante ricas, no particularmente sabrosas pero buenas para cocinar. Yo suelo hacer mermelada, o chutney, o tarta, cuando puedo cosechar algunas. Son de la variedad *Flower of Kent*, aparentemente rara hoy en día pero documentada desde tiempos de Shakespeare. Son manzanas más bien chicas y de piel verde con manchas irregulares de un rojo carmesí.

En el año 2021 nos visitaron expertos de la Facultad de Agronomía de nuestra Universidad de Cuyo, para podarlo y rejuvenecerlo. Se recolectaron yemas y gajos, que plantados sobre pies adecuados produjeron nuevos retoños. El primero de ellos fue plantado en el otoño de 2022 en la plaza que se encuentra detrás del Centro Cultural de la Ciencia, en Buenos Aires, donde podrá inspirar a futuras generaciones de científicos.

¿Cómo llegó Newton a formular la ley de gravitación, inspirado por un hecho tan mundano como la caída de una manzana? En las memorias de su amigo Stukeley, Newton le dice:

«¿Por qué la manzana desciende perpendicularmente al suelo? [...] ¿Por qué no va de costado, o hacia arriba, sino constantemente hacia el centro de la Tierra? Seguramente porque la Tierra la atrae. Debe haber un poder de atracción en la materia: y la suma de este poder de atracción debe estar en el centro de la Tierra, no en un costado [...] Así, hay una fuerza [...] que se extiende por el universo.»

Hoy en día nos parece una obviedad que la atracción gravitatoria resultante de toda la Tierra esté dirigida hacia su centro; no era así en el siglo XVII. Y entonces, si la acción de la Tierra puede actuar sobre la manzana, que

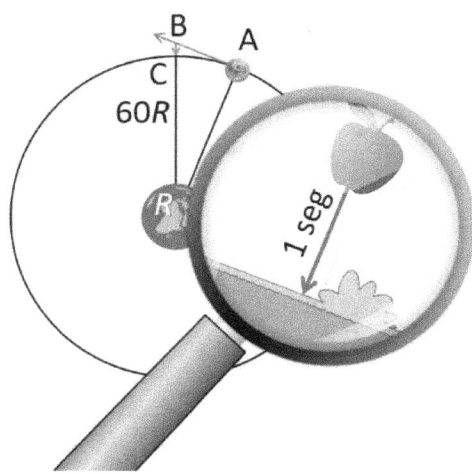

está bastante lejos de su centro (a 6300 km), la misma fuerza debería extenderse hasta la Luna y más allá. ¿Cómo afectaría su movimiento, que parece tan distinto del de la manzana? En un manuscrito muy posterior (1714) el propio Newton refiere que:

«...comparé la fuerza requerida para mantener la Luna en su órbita con la fuerza de gravedad en la superficie de la Tierra, y encontré un acuerdo bastante bueno. Todo esto fue en los años de la Plaga de 1665 y 1666, ya que en esos días estaba en mis mejores años de inventiva, y se me daba la matemática y la filosofía mejor que nunca.»

Nunca sabremos exactamente el razonamiento original de Newton sentado en su jardín, pero un texto del matemático y astrónomo escocés David Gregory relata una visita a Newton, y cuenta haber visto un manuscrito "anterior a 1669" con los cálculos. Newton imagina la Luna y la Tierra, como en la figura. Si no existiera la atracción gravitatoria, en un tiempo infinitesimal (exagerado por claridad en la figura de aquí arriba) la Luna se movería en línea recta de A a B, según la ley de inercia de Galileo. Pero debido a la atracción gravitatoria radial de la Tierra, la Luna "cae" de B a C. Si el fenómeno que produce la órbita de la Luna es el mismo que rige la caída de las manzanas, la ley de caída vertical (también encontrada por Galileo) le permitiría calcular la aceleración de esta "caída". Newton conocía el radio de la órbita de la Luna y su período, así que calcula por métodos geométricos la distancia BC correspondiente a un movimiento de un segundo, y encuentra la aceleración. Al compararlo con la aceleración de la caída libre en la superficie de la Tierra, le da "algo más de 4000" veces menor. La distancia de la Luna al centro de la Tierra es 60 radios terrestres, esto es sesenta veces mayor que la distancia de la manzana (que está en la superficie) al centro de la Tierra. 60 al cuadrado es 3600, así que la aceleración debida a la fuerza gravitatoria debería ser 3600 veces menor sobre la Luna que sobre la manzana. La discrepancia entre 3600 y 4000 no satisfizo a Newton, quien llegó a sospechar que el movimiento de la Luna se debía sólo en parte a la gravedad. Aparentemente varias confusiones entre las muchas unidades de longitud usadas en su época, así como cierta inexactitud del radio terrestre conocido en su época,[33] conspiraron para producir el error. En todo caso, abandonó por varios años sus investigaciones sobre la gravitación.

Podemos modernizar el argumento para ver el resultado. Imaginemos que la órbita de la Luna es circular. Sin apelar a la ciencia de la dinámica (que el propio Newton estaba por desarrollar), consideraciones puramente geométricas y cinemáticas, al estilo de las de Galileo, permiten calcular la aceleración centrípeta (vale decir, hacia el centro de la Tierra) experimentada por la Luna en su movimiento circular:

$$a_c = 60R \left(\frac{2\pi}{T}\right)^2,$$

donde $60R$ es el radio de la órbita lunar (expresada en radios de la esfera terrestre) y T es el período orbital de la Luna. Poniendo valores aproximados, $T \cong 27.5$ días $= 27.5 \times 86400$ segundos y $60R \cong 384000$ km, obtenemos $a_c = 0.002685$ m/s^2, que es g sobre 3649 (un valor razonablemente cercano al 3600 esperado), siendo $g = 9.8$ m/s^2 el conocido valor de la aceleración de la gravedad en la superficie de la Tierra.

En 1679, a raíz de un intercambio epistolar con Robert Hooke, Newton retomó sus cálculos sobre la dinámica y demostró que si la fuerza fuera inversamente proporcional al cuadrado de la distancia, entonces valdría la

---

[33] Jean Picard fue el primero en medirlo con razonable exactitud en 1669–1670, y su valor fue el que usó Newton pocos años después para corroborar sus hipótesis.

Primera Ley de Kepler: que las órbitas de los planetas y los satélites son elípticas, con el centro de fuerza en uno de los focos. En 1680 y 1681 aparecieron dos cometas que, a juicio del Astrónomo Real John Flamsteed, eran uno solo, que había dado una apretada vuelta alrededor del Sol. La observación llevó a Newton a completar sus cálculos y descubrir que también eran posibles las órbitas parabólicas, distintas de las planetarias. Finalmente, en 1684, a pedido de Edmund Halley, Newton rehízo estos cálculos, los complementó y los publicó como *De motu corporum in gyrum* ("El movimiento de los cuerpos en órbita"). Allí repite "la prueba de la Luna", obteniendo esta vez "muy exactamente" una dependencia cuadrática con la distancia. Pero no se detuvo allí. Al componer *De motu* Newton descubrió el poder de sus novedosos métodos matemáticos, que le permitían describir muchísimas situaciones que nadie sabía siquiera cómo tratar: el movimiento de varios cuerpos, los medios viscosos, las mencionadas órbitas de los cometas, el movimiento anómalo de la Luna, la precesión de los equinoccios, las mareas, la forma aplanada del globo terrestre y mucho más. Urgido por Halley, Newton trabajó sin detenerse durante un año y medio. El resultado: los tres volúmenes de los *Principia Mathematica Philosophiae Naturalis*, publicados en 1687, la obra más influyente de la Revolución Científica del siglo XVII y una de las más extraordinarias de la historia de la ciencia. Todo salido de la reflexión de un muchacho de 22 años que un día vio caer una manzana, y se preguntó si la fuerza que la hacía caer no sería la misma que mantenía a la Luna, sin caer, en su órbita.

* * *

Hoy en día, además de satélites naturales, tenemos satélites artificiales. Y lo mismo que vale para unos vale para los otros. Los satélites artificiales se mantienen en sus órbitas sostenidos por la fuerza de la gravedad. ¿Cómo es esto? ¿Cómo vuela un satélite si no tiene un cohete que lo impulsa? ¿No se cae?

Bueno, la verdad es que un satélite se cae todo el tiempo, como la Luna en el razonamiento de Newton. Eso es lo que ocurre cuando uno está en órbita: cae libremente. Lo que pasa es que tiene además tanta velocidad "de costado" que a medida que cae la Tierra se curva debajo de uno, y no se termina de llegar a la superficie. Una caída con clase: eso es estar en órbita.

¿Curioso, no? El primero que se dio cuenta de esto no fue un ingeniero de la NASA sino Isaac Newton, que en su *Tratado del Sistema del Mundo* explica cómo funciona este asunto. En la página siguiente vemos la página correspondiente, con una ilustración perfectamente entendible. Vemos la Tierra con una gran montaña, indicada V. Desde la cima de la montaña

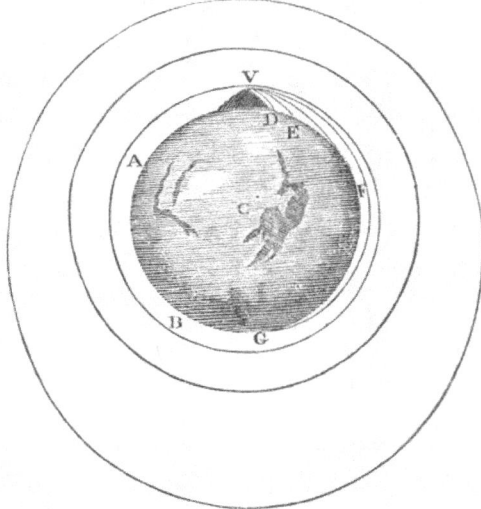

THE SYSTEM OF THE WORLD.   513

creased, that it would describe an arc of 1, 2, 5, 10, 100, 1000 miles before it arrived at the earth, till at last, exceeding the limits of the earth, it should pass quite by without touching it.

Let AFB represent the surface of the earth, C its centre, VD, VE, VF, the curve lines which a body would describe, if projected in an horizontal direction from the top of an high mountain successively with more and more velocity (p. 400); and, because the celestial motions are scarcely retarded by the little or no resistance of the spaces in which they are performed, to keep up the parity of cases, let us suppose either that there is no air about the earth, or at least that it is endowed with little or no power of resisting; and for the same reason that the body projected with a less velocity describes the lesser arc VD, and with a greater velocity the greater arc VE; and, augmenting the velocity, it goes farther and farther to F and G, if the velocity was still more and more augmented, it would reach at last quite beyond the circumference of the earth, and return to the mountain from which it was projected.

uno dispara un proyectil, un cañonazo digamos, en dirección horizontal. Si la velocidad no es muy grande, el proyectil describirá una parábola y caerá a tierra, digamos en el punto D. Si la velocidad es mayor, llegará más lejos, por ejemplo a E. Ya vemos lo que pasa: como decía antes, la Tierra se curva debajo de la trayectoria del proyectil. La superficie donde éste debería caer se escabulle al tiempo que cae. Más rápido: llega hasta F. Más todavía: ¡llega hasta G! Finalmente, si la velocidad es suficientemente grande, la trayectoria se cierra sobre sí misma y el proyectil regresa a la cima de la montaña. En palabras de Don Isaac (en el párrafo justo debajo de la figura):

«Si la velocidad fuese más y más grande, finalmente llegaría más allá de la circunferencia de la Tierra, y regresaría a la montaña de la cual fue lanzado.»

¿Por qué desde una montaña alta? ¿Por qué no desde la superficie a nivel del mar? Newton ejemplificó esto con una montaña alta porque es crucial, para que funcione, que la fricción con el aire no frene al proyectil. El aire enrarecido de la cima de una montaña es una aproximación del vacío del espacio exterior, un concepto poco familiar en el siglo XVII. En la Tierra no hay montañas tan altas desde las cuales se pueda poner en órbita un satélite de esta manera: los satélites más bajos están por lo menos a 160 km de altura, para que la fricción con el aire no los haga caer demasiado rápido. En lugar de una montaña, los *rocket scientists* del siglo XX decidieron que había que usar un cohete: la primera etapa del cohete sube y sube (como si fuera la montaña) y la segunda etapa acelera al proyectil lateralmente, poniéndolo en órbita (grosso modo, ya que en realidad las dos etapas participan en el ascenso y la puesta en órbita).

Quienes quieran experimentar inspiraciones similares a las de Newton pueden visitar en otoño nuestro manzano en Bariloche. O, al menos, pueden comerse una manzana cargada de historia.

Las extraordinarias lentes acromáticas

Chester Moor Hall nació el 9 de diciembre de 1703, y murió el 17 de marzo de 1771 (justo tres meses después del nacimiento de Beethoven). ¿Oyeron hablar de él? Vamos a rescatarlo del olvido. Moor Hall fue un acomodado caballero del condado de Essex, en el sudeste inglés, allí donde el Támesis se vierte, manso y marrón, en el mar del Norte. Fue un abogado exitoso y magistrado condal, y también aficionado a la astronomía. Como hoy en día, la astronomía siempre se nutrió de gente de todas las profesiones que, en algunos casos de manera obsesiva, hicieron contribuciones mucho más allá de lo que se imaginan los que dicen "ah, tenés un hobby".

Como sabe cualquier aficionado a la óptica o a la música de Pink Floyd, la luz se descompone en colores cuando atraviesa una cuña de vidrio. Esto se debe a que cada color (cada longitud de onda) viaja dentro del vidrio a una velocidad diferente (bastante menor que los proverbiales 300 mil kilómetros por segundo). Esta *dispersión* hace que la imagen formada por un telescopio sencillo sea horrible, plagada de lo que se llama aberración cromática. Pasado más de un siglo desde que Galileo apuntara su telescopio a la Luna, Moor Hall tuvo una idea genial: ¿por qué no usar una segunda lente, para rejuntar los colores cuando salen de la primera? Tendría que tener la curvatura al revés, pero además tendría que ser de un material distinto. Si se usara el mismo vidrio, la curvatura al revés compensaría además el aumento de la primera lente, y el resultado sería equivalente a un vidrio plano. No se puede hacer un telescopio con un vidrio plano, eso lo sabía hasta un abogado exitoso. Pero en Inglaterra los vidrieros habían inventado un vidrio distinto, llamado *flint*, que no es el vidrio común de ventana, llamado *crown* y conocido desde la prehistoria. El vidrio flint es muy lindo, muy transparente y brillante. Es lo que comúnmente se llama "cristal", o cristal de plomo, aunque no sea cristal sino vidrio. Los adornos de Swarovski, las copas finas, los platos del modelo Galaxia de Rigolleau, cosas por el estilo, son de vidrio flint.

La cuestión es que Chester se cansó de la aberración cromática y decidió hacer el intento con una lente compuesta de vidrio flint y vidrio crown.

Hizo su diseño pero, consciente del valor de su invento si llegara a funcionar, les encargó las lentes a dos ópticos distintos. Tenían los mejores talleres de Londres y eran tipos súper ocupados. Su negocio no estaba en hacer lentes individuales, así que ambos subcontrataron el trabajo. ¡Y los dos se lo encargaron al mismo vidriero! El afortunado fue George Bass, que tenía un taller de segunda categoría. Aún ignorando que las dos lentes eran para un mismo cliente, de todas maneras Bass sospechó algo. Eran dos lentes encargadas el mismo día, del mismo tamaño, que se apoyaban perfectamente una sobre la otra... Bass las talló y las pulió. Podemos imaginarlo tomando una con la mano izquierda y la otra con la mano derecha. Las superpone y mira a través. ¡Maravilla! ¡La aberración cromática había desaparecido!

A pesar de su precaución inicial, Moor Hall no protegió su invento. Tal vez le bastaba con que su telescopio fuera el mejor del mundo. A Bass tampoco se le ocurrió sacar algún provecho. Parece inclusive que alguno de ellos se lo contó a algún amigo, porque de a poco varios talleres de Londres empezaron a fabricar estas *lentes acromáticas*. Hasta que Bass se lo contó, 20 años después de su invención, a su colega John Dollond, dueño de un muy exitoso taller. Dollond sí se dio cuenta del valor comercial del invento y se apuró a patentarlo, previa publicación en las *Philosophical Transactions* de la Royal Society (sin mencionar a Moor Hall ni a Bass). Parece que tenía ciertos escrúpulos, porque nunca se atrevió a exigir sus derechos de patente. Igual, con "su" invento, se convirtió en el óptico de los ricos y famosos, lo cubrieron de honores y premios. Pero al morir John, su hijo Peter echó los escrúpulos por la borda, demandando judicialmente de manera feroz a los ópticos que usaban el diseño de su padre. Es decir: el diseño de Hall, fabricado por Bass, que se lo contó a su padre, quien lo patentó. Muchos talleres terminaron en la ruina, ya que las cortes sostuvieron la validez de la patente con argumentos tirados de los pelos, a pesar del testimonio de muchos ópticos, incluido el pobre anciano Bass, quien fue llevado en silla de ruedas a contar la historia ante los jueces. Dollond consiguió resarcimiento de daños por 250 libras esterlinas (como un millón de libras de la actualidad). Hall, que a pesar de su formación en leyes era un caballero, jamás apeló el reclamo de Dollond.

Finalmente la patente expiró y el precio de las lentes acromáticas se desplomó. Fue una revolución en la construcción de telescopios. El taller del famoso Jesse Ramsden, cuyos oculares (acromáticos, obviamente) seguimos usando, floreció en esta época. Como conté en *Viaje a las Estrellas*, el flint escapó del monopolio inglés a principios del siglo XIX y los astrónomos de todo el mundo tuvieron acceso a telescopios acromáticos. Y pudieron ver el universo como nunca antes.

¡Cómo brillan las estrellas!

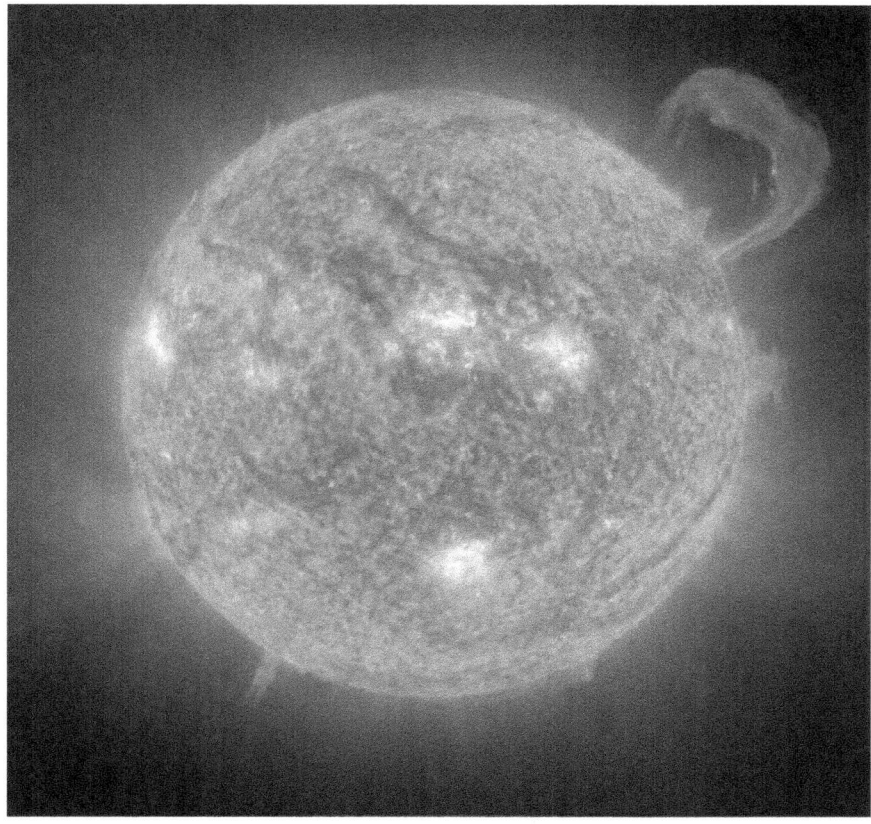

Un físico de origen ruso, George Gamow (gran divulgador de la ciencia además), desentrañó en la década de 1930 cómo funcionaban las estrellas. Algo que había sido un misterio para la humanidad durante milenios, y aun para la física durante siglos, empezaba a develarse. Las estrellas brillan, durante millones de años, mediante la fusión nuclear de elementos químicos livianos en elementos más pesados. Estas *reacciones termonucleares* (así las bautizaron Gamow y sus colegas) sólo son posibles en sus centros supercalientes, donde las altísimas temperaturas (mucho mayores que los 5700 °C de la superficie del Sol, por ejemplo) permiten a los núcleos atómicos vencer la repulsión eléctrica debida a que todos tienen carga positiva. La fusión nuclear de elementos livianos es *exotérmica*: al producirse libera energía, lo cual contribuye a mantener la temperatura del centro de la estrella y sostener las reacciones. En la fusión se crean nuevos elementos químicos: el sueño de los alquimistas hecho realidad. Nacidas del gas y polvo interestelar por colapso gravitacional de una nebulosa, las estrellas viven sus vidas generando nuevos elementos químicos, que devuelven al medio interestelar al final de su existencia. Son las grandes recicladoras de la materia en la Galaxia. Era un descubrimiento fenomenal y Gamow estaba chocho. Esa noche salió con su novia. Sentados en el banco de una plaza pensaba cómo contárselo. Entonces la novia de Gamow dijo algo así: "¡Ay, George, mirá qué lindo cómo brillan las estrellas!". Gamow vio la oportunidad y replicó: "Sí, y esta noche, en todo el mundo, ¡yo soy el único que sabe CÓMO brillan! ¿Te cuento?". Se casaron y fueron felices. Ahí tenés: lo romántico no quita lo científico.[34]

Gamow era un tipo fenómeno, muy divertido. Durante la realización de su doctorado y los primeros años de su carrera científica visitó y trabajó en Göttingen, en Copenhagen y en Cambridge, en cuyas universidades se estaba forjando la nueva física, la Mecánica Cuántica. Vivió desde adentro esta tremenda revolución científica y la contó en sus libros de divulgación. Cuando, junto con su estudiante Alpher, descubrieron el mecanismo de nucleosíntesis del Big Bang (uno de los primeros pasos teóricos en el establecimiento de la actual teoría de evolución del universo), se le ocurrió publicarlo con un autor adicional: Hans Bethe, con el único propósito de que los autores fueran *Alpher, Bethe y Gamow...* Bethe era un físico famoso de Estados Unidos, que no había tenido nada que ver con el trabajo, y a quien Gamow ni siquiera consultó para la broma. El artículo, a pesar del extraordinario título *Sobre la síntesis de los elementos*, siempre se conoció como "el paper αβγ". Buenísimo, ¿no? Gamow se interesó también

---

[34] Recuerdo con toda claridad haber leído esta anécdota en uno de sus libros. Sin embargo no puedo recordar cuál, y al buscar información en la web encontré la misma historia atribuida a uno de sus colegas de aquel trabajo, el físico Fritz Houtermans, también de gran sentido del humor (el otro era el astrónomo Robert Atkinson) ¡Ahora no sé la verdad! ¿O habrá sido Eddington? (sus cálculos permitieron por primera vez formular un modelo físico del interior de una estrella, lo cual llevó a Atkinson y Houtermans a reclutar a Gamow, que sabía de física nuclear, para desentrañar el mecanismo). Existe una autobiografía de Gamow, titulada *Mi línea de mundo*, pero es inconseguible. Igual, *se non è vero, è ben trovato...*

The city blocks became still shorter

por otras áreas de la ciencia, y Francis Crick contaba incluso que fue él quien le había sugerido que el código genético estaba escrito con cuatro símbolos combinados en tripletes.

Cuando cursaba el primer año del Colegio Nacional mi profesora de Matemática me prestó un libro de Gamow. Se llamaba *Uno, dos, tres...infinito*, y me reveló un mundo extraordinario que, en mi infancia de naturalista, había ignorado: el de la ciencia y la matemática modernas. Allí descubrí una matemática que iba muchísimo más allá de las cuatro operaciones aritméticas y la geometría básica de la escuela primaria. Aprendí sobre números muy grandes, la invención del ajedrez y la función factorial, sobre libros combinatorios (al estilo de *La Biblioteca de Babel,* de Borges), sobre los números primos y su infinitud (de lo cual nos ocuparemos en el último capítulo), sobre los números imaginarios, sobre espacios curvos y la relatividad, sobre átomos, rayos cósmicos, neutrinos, caminatas aleatorias, radiactividad, fisión nuclear, probabilidades, genes, galaxias, el funcionamiento de las estrellas y el origen del universo... Parece mucho, pero seguro que me han quedado cosas afuera de la lista. Son apenas 300 páginas, al alcance de cualquiera. Publicado en 1946 y reeditado en 1961, ha resistido muy bien el paso del tiempo. "La Lewin" me prestó su propia copia, a pesar de que en la biblioteca del Colegio había cien mil libros a nuestra disposición, incluyendo todas las obras de Gamow. Apenas lo devolví la profesora se lo prestó a un compañero y yo saqué el ejemplar de la biblioteca para volver a leerlo. Y luego todos los libros de Gamow que había: *Biografía de la Tierra, Treinta años que conmovieron la física, Gravedad*... Eran un poco viejos ya entonces, y ahora lo son aún más, pero creo que todavía se los puede recomendar. Un texto bien escrito no envejece. Sus libros están magníficamente ilustrados por el propio Gamow. Esta ilustración es de una serie de novelas protagonizadas por Mr. Tompkins (el señor que va en bici, muy parecido al propio Gamow). En sus aventuras, Tompkins viaja a la velocidad de la luz y experimenta la relatividad, o se achica al tamaño de un átomo y vive en carne propia la mecánica cuántica. Están buenísimas.

Espacio y tiempo

Más de uno recordará, de la escuela secundaria, el valor de la aceleración de la gravedad: 9.8 m/s². Es la intensidad de la atracción gravitatoria de la Tierra, la aceleración *hacia abajo* que experimenta cualquier objeto cerca de la superficie del planeta. Ahora busquen una calculadora y calculen pi al cuadrado: $\pi^2 = 9.8...$ ¡es casi el mismo número! Esto es muy raro, porque el valor de la aceleración de la gravedad depende del sistema de unidades, son nueve coma ocho *metros por segundos al cuadrado*, mientras que pi al cuadrado *no depende de nada*, es una constante matemática universal. ¿Es realmente una coincidencia, o se esconde algo detrás?

Se esconde algo, una historia interesante que resumiré drásticamente.

Galileo descubrió que el período de oscilación de un péndulo es constante: no depende de la amplitud de la oscilación (mientras ésta sea pequeña), ni de la masa suspendida, y sólo depende de la longitud del aparato (desde el punto de suspensión hasta el objeto pesado que pendula). Claramente un péndulo era un dispositivo ideal para medir el tiempo con precisión, un viejo anhelo desde la Antigüedad. En el siglo XVII el astrónomo holandés Christiaan Huygens, puso manos a la obra e inventó el reloj de péndulo, que se convirtió en el instrumento más preciso para medir el tiempo hasta bien entrado el siglo XX.

El período de un péndulo, que se calcula de manera sencilla en todos los cursos elementales de Física, es una raíz cuadrada (si llegaron hasta acá, no se me van a echar atrás ahora):

$$T = 2\pi \sqrt{L/g}.$$

En esta fórmula T es el período (es decir, el tiempo que tarda el peso en ir y volver: *tic-tac-tic*), L es la longitud y g es la aceleración de la gravedad. Vemos que si L vale 1 (en las unidades que sean), el péndulo tiene un período de 2 segundos si la aceleración de la gravedad vale π^2 en esas mismas unidades (porque se simplifica el π del numerador con el del denominador...). Ese es el origen de la coincidencia.

El período del péndulo, al depender sólo de su longitud, relaciona además el espacio y el tiempo. La unidad de tiempo, el segundo, está basada en la duración del día, lo cual es, digamos, "natural". El péndulo se convirtió entonces en el candidato ideal para definir una unidad de longitud también "natural", en lugar de las unidades antropomórficas de pulgadas, pies, codos, palmos, pasos, etc., totalmente arbitrarias, definidas de manera distinta en cada país, que se usaban desde tiempo inmemorial.

Huygens y otros científicos del siglo XVII no tardaron en observar que un péndulo que tarda un segundo en llegar de un extremo al otro de su oscilación (es decir, un período de *dos* segundos), tenía una longitud confortablemente a escala humana: unas 39 pulgadas. Y propusieron la definición de la unidad de longitud basada en este fenómeno: la longitud de un péndulo que, entre el tic y el tac, dejara pasar un segundo exacto.

¡Era una excelente idea! La Royal Society la apoyó rápidamente: se lo llamó *seconds pendulum*. Hubo propuestas similares en Francia y en Italia, donde un tal Tito Livio Buratini propuso llamar "metro" a la nueva unidad. Los avances tecnológicos a lo largo del siglo XVIII, con la Revolución Industrial, permitieron construir péndulos y relojes cada vez más precisos. Pero pasó el tiempo y no se llegó a ninguna decisión acerca de la unidad de longitud.

¿Y qué pasó con el metro? Finalmente, durante la Revolución Francesa, se estandarizaron las unidades de medida. La Asamblea consideró la longitud basada en el *seconds pendulum*, pero finalmente adoptó el famoso diezmillonésimo de cuarto del meridiano de París como definición del metro (del mismo tamaño que el del péndulo de 1 segundo). Más tarde lo inmortalizaron con dos rayitas marcadas en una barra de platino-iridio que guardaron bajo siete llaves. La propuesta de usar el péndulo fue abandonada porque el dispositivo dependía del lugar de la Tierra donde se lo usara. Además, a alguna gente le molestaba la cuestión de definir la unidad de longitud en base a una unidad de tiempo.

La historia no terminó allí: el segundo contraatacó. Los propulsores de definir el metro basándose en el segundo tuvieron su vindicación. Durante el siglo XX se redefinió el segundo, usando un fenómeno atómico en el que se basan los relojes más precisos de hoy en día. Y finalmente se redefinió el metro. No en base al movimiento de un péndulo, sino en base a otro fenómeno que liga el espacio y el tiempo de manera absoluta, *la velocidad de la luz en el vacío*. Estableciendo que esta velocidad es *exactamente* 299 792 458 metros por segundo es como se define hoy en día el metro. Es decir, un metro es la distancia que recorre un rayo de luz en 1 / 299 792 458 segundos. Parece algo mucho más complicado que un péndulo, pero en realidad es algo muy sencillo de medir en los laboratorios modernos, de manera que en todos los países se puede usar la misma unidad de longitud sin necesidad de viajar a París.

* * *

El período (ver la fórmula de arriba) depende de la longitud del péndulo *y de la aceleración de la gravedad*. Un péndulo muy preciso sirve para *medir* la aceleración de la gravedad, que puede variar de manera minúscula a lo largo de la superficie de la Tierra debido a la forma achatada del planeta, las montañas, las rocas de distinta densidad... Se convierte en un instrumento de *geodesia* de precisión. Muchos astrónomos (gente particularmente interesada en medir con exactitud el tiempo) se involucraron en la teoría y aplicaciones del *seconds pendulum* y la geodesia. Uno de ellos fue Bessel, el ganador de la carrera para medir la distancia a las estrellas que conté en *Viaje a las Estrellas*. De hecho, me enteré de estos temas mientras investigaba sobre la vida de Bessel para *Viaje a las Estrellas*.

Los primos de Euclides

Para terminar este capítulo y este libro quiero referirme a algo sólo marginalmente relacionado con la astronomía. Tiene que ver, más bien, con la ciencia en general y con el rol que jugaron los antiguos griegos. Se trata, creo yo, del mayor logro filosófico de la Grecia antigua: *Los griegos inventaron la ciencia.*

En buena medida el mérito puede atribuirse a Tales, que vivió en Mileto, ciudad griega situada en la actual Turquía, en el siglo VI a. C. De Tales se cuentan algunas cosas graciosas, por ejemplo que se cayó en un pozo por caminar mirando las estrellas. Este notable filósofo distraído plantó la semilla de la ciencia al postular que a la pregunta "¿de qué está hecho el mundo?" no corresponde una disquisición sobre los caprichos de los dioses sino, simplemente, la observación minuciosa de la realidad. Claro, a Tales no se le escapaba que —a pesar de la vida tumultuosa de los dioses olímpicos— la naturaleza abunda en regularidades: los ciclos del día y la noche, las estaciones y las lluvias, la siega y la siembra. Hasta los raros eclipses eran predecibles: ¡cómo iba a tratarse de una serpiente devorando el Sol, como aseguraban los egipcios! Tales llegó a la conclusión de que las preguntas sobre el mundo natural no había que hacérselas a un oráculo, sino a la naturaleza misma. Sostenía que los terremotos no eran producto de la ira de Poseidón, ni los rayos de los caprichos de Zeus. Sus explicaciones de estos fenómenos parecen hoy en día algo ingenuas, pero revolucionaron un sistema de creencias de miles de siglos basado en lo sobrenatural.

Tales y sus seguidores sugerían también que existía una substancia (cada uno tenía su favorita: el agua, el fuego, etc.) que se conservaba y que, transmutándose, generaba las demás cosas. En algún sentido se trata de la primera *ley de conservación* que conocemos, tal como las que juegan un rol fundamental en la ciencia moderna. Anaxágoras, inclusive, especulaba acerca del modo en que los alimentos se convierten en músculos y demás substancias y tejidos que forman los cuerpos de los animales. Por su lado, Anaximandro, que fue el primero en dar una explicación mecánica del universo, creía firmemente en la validez de estudiar modelos a escala pequeña de las cosas, para facilitar su estudio: otra idea central de toda la ciencia y la ingeniería modernas.

Uno intuye que tanto Tales como sus discípulos, así como Pitágoras y su escuela (en Samos, en el actual sur de Italia), sospechaban que sus teorías hacían agua por muchos lados. Pero también que comprendían que el mundo natural obedecía reglas, leyes que ellos conocían imperfectamente y que eran las responsables de una naturaleza dinámica. Ésta es la idea básica que permea la filosofía de aquellos pioneros, y que constituye aún hoy la base del pensamiento científico.

Hay un brevísimo texto de Borges (*El principio*, en *Atlas*, 1984) donde el poeta dramatiza esto en un momento singular, una conversación entre dos filósofos griegos. Termina así:

«Esta conversación de dos desconocidos en un lugar de Grecia es el hecho capital de la Historia.
Han olvidado la plegaria y la magia.»

Entre los logros más imperecederos de los griegos se encuentra el descubrimiento de la potencia del razonamiento lógico y matemático. Es fácil ejemplificar esto con un ejemplo hermoso. Seguramente han escuchado hablar de Euclides. Seguramente también saben que existen unos números llamados números primos. Algunos recordarán inclusive que existen infinitos números primos, tal vez sin estar muy seguros de qué significa esto.

El infinito es un concepto difícil, que fue un rompedero de cabeza milenario para filósofos, matemáticos y físicos, así como una fuente de inspiración para artistas y escritores. ¿Qué significa que los números que usamos para contar, llamados naturales, son infinitos? Quiere decir que, como todo número tiene un siguiente, no existe uno que sea el más grande de todos:

$$1, 2, 3, 4, 5, \ldots$$

Es importante aclarar que lo que es infinito es la cantidad de números de la lista, y que no existe un "número natural infinito". Todos y cada uno de los números de esa lista son finitos, por más grandes que sean. Ahora bien, la cantidad de elementos de cualquier lista finita también es un número, un número natural finito, que puede ser pequeño (el número de dedos de una mano) o enorme (el número de átomos del universo). ¿Qué pasa si la lista es infinita, como la lista de los números naturales? Los intentos por entender qué pasaba con eso que parece un número pero que no lo es fracasaron durante siglos. Muchos matemáticos terminaron aborreciendo el concepto, y diciendo que no tenía sentido ocuparse del infinito. Recién lograron domarlo a fines del siglo XIX, gracias a la genialidad de Georg Cantor, quien logró demostrar que existen distintos infinitos: el de los números naturales, el de los puntos de una línea, y muchos más. Hay infinitos infinitos, y Cantor logró crear una jerarquía infinita de estas cantidades infinitas, a las que llamó números transfinitos, y toda una aritmética para ellos. Bertrand Russell dijo sobre esto: *"La solución de las dificultades que rodeaban el infinito es el más grande logro de nuestra era."* Pero Cantor fue también ferozmente criticado y hasta atacado por muchos destacados colegas, lo cual dañó su salud mental, cayó en una severa depresión, y murió en un manicomio en 1918.

Pero mucho antes que Cantor, en la Grecia antigua, Euclides fue el primero en demostrar que existen infinitos números primos. Su demostración es de una belleza, una simplicidad y una profundidad tales que debería ser de enseñanza obligatoria en las escuelas. Según el genial Douglas Hofstadter,[35] pasar por la vida sin experimentar este pilar crucial del conocimiento humano es una desgracia comparable a no haber probado jamás el chocolate o escuchado una pieza de música. Yo estoy de acuerdo, y voy a hacer mi pequeña contribución para eliminar de la vida de mis lectores esta lamentable falta.

Euclides fue un matemático griego de la Antigüedad que vivió en Alejandría. Fue el fundador de la Geometría tal como la conocemos. Su libro *Elementos* fue un manual de texto usado desde su época (siglo III a. C.) hasta principios del siglo XX ¡durante veintitrés siglos! En cuanto a los números primos, como recordarán, son números enteros que no pueden dividirse por otro número sin dejar resto. El 7, por ejemplo, es primo porque no es divisible ni por 2, ni por 3, ni por 4, ni por 5, ni por 6. El 10 no es primo —es compuesto— ya que es divisible por 2 (y por 5 también, claro). Así de sencillos como parecen, los números primos están envueltos

---

[35] Douglas Hofstadter cuenta de manera encantadora, aquí burdamente imitada, esta demostración en su libro *I am a strange loop*.

1	2	3	4	5	6	7	8	9	10
11	12	13	14	15	16	17	18	19	20
21	22	23	24	25	26	27	28	29	30
31	32	33	34	35	36	37	38	39	40
41	42	43	44	45	46	47	48	49	50

...

en misterios. A lo largo de la historia muchos de esos misterios han sido develados por los matemáticos. El más fundamental de todos —que existen infinitos números primos— fue demostrado por Euclides. Y ahora viene lo interesante.

¿Qué significa que existen infinitos números primos? Los números primos son apenas una parte de los números naturales, ¿cómo pueden ser también infinitos? Está claro que parece haber muchos: si hacemos una lista parecen no acabarse nunca. Claro que a medida que buscamos números más grandes es cada vez más difícil verificar si son primos (porque hay más candidatos para dividirlos). Pero bueno, el 2 es primo, el 3 es primo, el 5, el 7, el 11, el 13, el 17, el 23... Son los que están marcados en rojo en la figura de aquí arriba, y que Uds. pueden continuar hasta donde quieran. Si son infinitos, significa que podríamos seguir alargando la lista sin terminar jamás.

Obviamente, si sospechamos que son infinitos, demostrarlo mediante semejante enumeración sin fin no parece un plan muy practicable, dada la finitud de la vida humana. ¿Qué podemos hacer? ¿Fundar una secta de monjes, los Venerables Contadores de Primos, y alargar la lista generación tras generación? Sería también inútil: la vida en la Tierra se acabará en algún momento, a lo sumo cuando se extinga el Sol, y ni siquiera los miles de millones de años que hayan pasado habrán sido suficientes para enumerar infinitos números primos. Ni siquiera la eventual larguísima vida del universo todo, suponiendo que nuestros descendientes se muden a otros mundos, sería suficiente. Está claro que la demostración de que existen infinitos números primos debe ser más sutil que una simple enumeración. Así que hay que razonar. Y así razonó Euclides. Atención.

Supongamos que existe un número que es el mayor de los números primos, P, el Mayor Primo Bajo el Sol, y veamos a dónde nos lleva esta suposición. Si existe P, quiere decir que existe un conjunto finito, llamémoslo el Club de Todos los Primos, de los cuales P es el glorioso decano. Multipliquemos todos los números del Club, para formar un número —enorme, ciertamente mayor que P— al cual llamaremos Q. Es decir $Q = 2 \times 3 \times 5 \times ... \times P$, donde los puntos suspensivos indican que debemos usar en la multiplicación todos los primos intermedios.

Este número Q es divisible por 2 (obviamente, ya que $Q/2$ da $3 \times 5 \times ... \times P$ sin resto). También es divisible por 3 (ya que $Q/3 = 2 \times 5 \times ... \times P$), por 5, por 7, por 11 y así sucesivamente hasta que dividimos a Q por P, también sin resto. Es decir, debido a su propia definición, Q es compuesto, ya que es divisible por todos los miembros del Club, o sea ¡por todos los primos del universo! (recordemos que supusimos que P es el mayor de todos los primos).

Ahora viene un paso crucial: sumemos 1 a Q, para formar el número $Q + 1$. ¿Qué sabemos de $Q + 1$? Que es un número colosal, sin duda. Es inclusive más grande que Q (no por mucho, pero es más grande). Sabemos también que $Q + 1$ es compuesto, no puede ser primo, porque P (que es muchísimo más chico que $Q + 1$) es el mayor de los primos. Cuando supusimos que P era el primo más grande, automáticamente supusimos que todos los números mayores que P tienen que ser compuestos.

```
1  2  3  4  5  6  7  8  9  10 11 12 13 14 15 16 17 18 ...
1  2  3  4  5  6  7  8  9  10 11 12 13 14 15 16 17 18 ...
1  2  3  4  5  6  7  8  9  10 11 12 13 14 15 16 17 18 ...
1  2  3  4  5  6  7  8  9  10 11 12 13 14 15 16 17 18 ...
...
```

OK, entonces $Q + 1$ es compuesto. ¿Qué número podría ser divisor de $Q + 1$? No puede ser 2, ya que 2 divide a Q, y Q es el anterior de $Q + 1$, y los números pares nunca son consecutivos. Tampoco puede ser 3, ya que 3 divide a Q, que es el anterior, y los múltiplos de 3 tampoco son consecutivos (vienen de tres en tres...). De hecho, cualquier número primo p que elijamos, divide a Q, y por lo tanto no puede dividir al siguiente de Q, que es $Q + 1$. En la figura de aquí arriba se ilustra esto pintando los múltiplos de los primeros primos: nunca son consecutivos. Este razonamiento nos lleva a concluir que ninguno de los miembros del Club de Todos los Primos divide a $Q + 1$. Ninguno, desde el pequeño 2 hasta el propio P.

Pero ¿entonces? En el párrafo anterior habíamos concluido que $Q + 1$ tenía un divisor, ¿y ahora resulta que no tiene ninguno? ¡Es una trampa! ¡Nuestro razonamiento nos ha arrinconado en una contradicción de la cual no sabemos si podremos escapar! Hemos creado un monstruo, un número que por un lado es compuesto, y por el otro no tiene ningún divisor. ¿Cómo zafamos?

La contradicción viene de la suposición de que existe ese Club de Todos los Primos, finito y cerrado, coronado por el máximo primo P. Así que no nos queda alternativa más que retroceder y eliminar esa suposición. No existe, no puede existir, el mayor de todos los primos. La verdad, según hemos demostrado, es que existen infinitos números primos. La lista de los números primos sigue y sigue, sin final. Ahora estamos seguros, no porque los hayamos contado uno por uno, sino porque lo hemos demostrado mediante un razonamiento impecable. A propósito, este tipo de razonamiento en el cual se supone una hipótesis y se llega a una contradicción se llama reducción al absurdo, y está en el corazón de muchísimas demostraciones matemáticas.

Espero que lo hayan disfrutado. Ahora no sólo saben que hay infinitos números primos, sino que saben por qué. Como el chocolate y como la música, dice el amigo Hofstadter, esta demostración es algo que se puede volver a disfrutar si dentro de un tiempo vuelven a leerla.

Para los curiosos que se preguntan para qué sirve un número primo, baste decir que los números primos se encuentran en el corazón de todos los métodos criptográficos de la actualidad, que permiten desde el almacenamiento seguro de las claves de los usuarios hasta la seguridad de las compras que hacemos con la tarjeta de crédito.

Bibliografía

Para el interesado en temas históricos son recomendables algunas de las obras originales, en traducción, que suelen contener sesudos estudios preliminares. Entre ellas tenemos:

Copérnico N, *Las revoluciones de las esferas celestes* (Eudeba, Buenos Aires, 1965).

Galilei G, *El mensajero de los astros* (Eudeba, Buenos Aires, 1964).

Galilei G, *Diálogos sobre los dos máximos sistemas del mundo ptolemaico y copernicano* (Alianza, Madrid, 2007).

Las revoluciones de las esferas celestes es una obra difícil de entender desde nuestra perspectiva moderna. El lector interesado en la astronomía copernicana podrá encontrar un tratamiento más accesible en:

Rosen E, *Three Copernican treatises* (2a ed.) (Dover Publications, Mineola, 2004).

Otro tanto ocurre con la obra de Newton, los *Philosophiae naturalis principia mathematica*. Por fortuna existe:

Chandrasekhar S, *Newton's Principia for the common reader* (Oxford University Press, Oxford, 1996).

La astronomía y la matemática de la Antigüedad, en particular de babilonios y egipcios, con una buena presentación de la astronomía de Ptolomeo, pueden encontrarse en:

Neugebauer O, *The exact sciences in Antiquity* (Dover Publications, Mineola, 1969).

Existe un libro ya clásico, que contiene una extraordinaria historia de la astronomía. Se trata de:

Koestler A, *Los sonámbulos: El origen y desarrollo de la cosmología* (Salvat, Barcelona, 1986).

La fascinante historia del calendario puede disfrutarse, por ejemplo, en:

Duncan DE, *Historia del calendario* (Emecé, Buenos Aires, 1999).

Las novelas escritas por el astrofísico francés Jean-Pierre Luminet son fascinantes y muy documentadas:

Luminet J-P, *El enigma de Copérnico* (Ediciones B, Barcelona, (2007).

Luminet J-P, *El tesoro de Kepler* (Ediciones B, Barcelona, 2007).

Lamentablemente sus novelas *El ojo de Galileo* y *La peluca de Newton* no han sido traducidos al español, sólo están en francés.

Una completa historia de la astronomía, profusamente ilustrada, puede encontrarse en:

Couper H, Henbest N y Clarke AC, *Historia de la astronomía* (Buenos Aires, 2008).

Por supuesto, un libro clásico y de gran interés, que ha inspirado a más de una generación, es el basado en la popular serie televisiva:

Sagan C, *Cosmos* (Planeta, Barcelona, 2000).

Si le gusta observar el cielo y quiere saber y entender qué ve pueden interesarle estos hermosos libros:

Levy D y otros, *Observar el cielo* (Planeta, Barcelona, 1995).

Burnham R y otros, *Observar el cielo II* (Planeta, Barcelona, 2005).

Ridpath I, *Astronomía* (El Ateneo, Buenos Aires, 2009).

Buena parte de la bibliografía astronómica está orientada a la observación desde el hemisferio norte. Si usted vive en el hemisferio sur, no se pierda estos libros que no tienen igual (y en español):

De Bernardini E, *Manual del astrónomo aficionado* (Sur Astronómico, Buenos Aires, 2016).

Ferraiuolo R y De Bernardini E, *Exótico cielo profundo* (Sur Astronómico, Buenos Aires, 2009).

De Bernardini E, *Cielo brillante* (Sur Astronómico, Buenos Aires, 2022).

De Bernardini E, *El cielo sur a simple vista* (Sur Astronómico, Buenos Aires, 2018).

Si se defiende en inglés, me permito recomendarle los siguientes:

Belkora L, *Minding the Heavens* (Institute of Physics Publishing, Bristol, 2003).

Brown M, *How I killed Pluto (and why it had it coming)* (Spiegel & Grau, New York, 2010).

Watson F, *The life and times of the telescope* (Allen & Unwin, Crows Nest, 2007).

Y también el excelente archivo de Historia de la Matemática de la Universidad St. Andrews de Escocia: mathshistory.st-andrews.ac.uk.

Finalmente, si le gustó este libro, seguramente le gustará otra obra del autor:

Abramson G, *Viaje a las estrellas: De cómo y con qué los hombres midieron el universo* (Siglo XXI, Colección Ciencia que Ladra, Buenos Aires, 2010).

Crédito de las imágenes

Canis major: representación de la constelación en *El Espejo de Urania* (Wikimedia Commons, dominio público).

Piscis: representación de la constelación en *El Espejo de Urania* (Wikimedia Commons, dominio público).

Hevelius y su esposa Elisabetha observando el cielo con un sextante. Grabado de la obra de Hevelius *Machinae Coelestis: Pars Prior* (1673) (Wikimedia Commons, dominio público).

Escudo de Sobiesky (Wikimedia Commons/WarX, CC-BY-SA).

Le reticule romboide, del mapa de Lacaille publicado en el *Atlas Céleste*, de Jean Fortin.

Estadio de Ciudad del Cabo, malogrado encuentro entre las selecciones de Argentina y Alemania, con Table Mountain al fondo, de Clive Rose.

Caterina Sagredo Barbarigo como Berenice, de Rosalba Carriera (Wikimedia Commons, dominio público).

Recorte del Hubble Ultra Deep Field, de NASA/ESA/HST (dominio público).

Radiación de fondo de microondas según el satélite Planck, de ESA (dominio público).

Espectro electromagnético, basado en una versión original de NASA (Wikimedia Commons, dominio público).

El centro galáctico en visible e infrarrojo, imágenes de Howard McCallon y del 2 Micron All Sky Survey (2MASS/G. Kopan/R. Hurt) (dominio público).

Centaurus A. Visible: ESO/VLT; Rayos X: NASA/Chandra; Radio: APEX.

Panoramas de la Vía Láctea. Visible: A. Mellinger; infrarrojo: NASA/2MASS; microondas: ESA/Planck; rayos gamma: NASA/Fermi.

Nebulosa Homúnculo, de NASA/ESA/HST (dominio público).

Distribución de la materia oscura en Abell 1689: NASA/ESA/HST/D Coe/N Benítez/T Broadhurst/H Ford.

Buzz Aldrin en la Luna, foto de Neil Armstrong (Wikimedia Commons, dominio público).

Efecto de oposición en los anillos de Saturno, de NASA/JPL/Space Science Institute (dominio público).

Base Tranquilidad, basada en una imagen de la Lunar Reconnaissance Orbiter Camera (NASA/GSFC/Arizona State University, dominio público).

Ilustración de las posiciones de las Voyager en la heliosfera, basada en la del JPL, a su vez basada en una foto de Z Oph (NASA/JPL/WISE), anotada por el autor.

Retrato de Galileo Galilei, de Di Tito (Wikimedia Commons, dominio público).

Aguafuertes de la Luna y recortes de los cuadernos de Galileo Galilei.

Retrato de Johannes Kepler, de August Köhler (Wikimedia Commons, dominio público).

Página de *Astronomia Nova*, de J. Kepler (dominio público).

Observaciones de Saturno, de Galileo Galilei (dominio público).

Fases de Venus, de Statis Kalyvas - VT-2004 programme (Wikimedia Commons, CC BY).

Retrato de William Herschel, de Lemuel Francis Abbott (Wikimedia Commons, dominio público).

Neptuno, por Voyager 2 (NASA, dominio público).

Observaciones de Júpiter, sus satélites y Neptuno, de Galileo Galilei (dominio público).

Foto de Edwin Hubble, de Johan Hagemeyer (Wikimedia Commons, dominio público).

Galaxia de Andrómeda y estrella VAR 1, de E. Hubble.

Foto de Gaviola y Strong frente al espejo de 100 pulgadas, de E. Gaviola.

Retrato de Isaac Newton, de Barrington Bramley, basado en Godfrey Kneller (Wikimedia Commons, dominio público).

Woolthorpe Manor y el manzano de Newton, foto del UK National Trust.

Página de *A Treatise of the System of the World*, de I. Newton (dominio público).

Foto del Sol, de ESA/NASA/SOHO (dominio público).

Ilustración de Mr. Tompkins experimentando la contracción relativista del espacio, de *Mr. Tompkins in Wonderland*, de G. Gamow.

La Escuela de Atenas, de Rafael (Wikimedia Commons, dominio público).

Otras imágenes, fotos, diagramas: del autor (CC BY-SA). Mapas del cielo hechos con Stellarium (stellarium.org).

Guillermo Abramson es Doctor en Física, Investigador Principal del CONICET y Profesor del Instituto Balseiro (Bariloche, Argentina). Realizó trabajo postdoctoral en Trieste, Italia, y en Dresde, Alemania, y actualmente es miembro de la División Física Estadística e Interdisciplinaria del Centro Atómico Bariloche. Ha publicado más de un centenar de trabajos científicos, dirigido tesis y gestionado proyectos de investigación. El Dr. Abramson es también un entusiasta astrónomo y divulgador de la ciencia. Ha publicado también *Viaje a las estrellas: De cómo y con qué los hombres midieron el universo* (Siglo XXI, 2011), *Curso de Mecánica Analítica* (KDP, 2022) y la primera edición de *En el cielo las estrellas* (EDIUNC, 2016). Escribe semanalmente en su blog En el Cielo las Estrellas (guillermoabramson.blogspot.com).